Igor Belejev

Plasmaspraycoatings en z

Igor Beleaiev
Alexei Stepnov
Andrei Kireev

Plasmaspraycoatings en zuiver aluminiumoxide producten

title

GlobeEdit

Publisher:
GlobeEdit
is a trademark of
International Book Market Service Ltd., member of OmniScriptum Publishing Group
17 Meldrum Street, Beau Bassin 71504, Mauritius

Printed at: see last page
ISBN: 978-620-0-51211-6

Beste lezer,

het boek dat u in uw bezit heeft werd oorspronkelijk gepubliceerd met de titel

"Плазменнонапылённые покрытия и изделия из чистого оксида алюминия", ISBN 978-613-9-46277-3.

De publicatie ervan in het Nederlands werd mogelijk gemaakt door het gebruik van de modernste kunstmatige intelligentie voor talen.

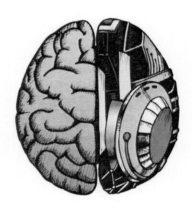

Deze technologie, die in september 2019 in Berlijn de eerste Ere-AI-prijs ontving, is vergelijkbaar met de manier waarop het menselijk brein functioneert en is daarom in staat om de kleinste nuances op een voorheen onbereikbare manier vast te leggen en over te brengen.

Wij hopen dat u veel plezier zult beleven aan dit boek en vragen u rekening te houden met eventuele taalkundige verschillen die uit dit proces kunnen zijn voortgekomen.

Veel leesplezier!

GlobeEdit

Inhoud

PLASMAGESPOTEN COATINGS EN ZUIVER ALUMINIUMOXIDE PRODUCTEN

I.V.Belyaev1, A.A.Stepnov2, A.V.Kireev1

1Vladimirskiy State University vernoemd naar M.V. Lomonosov. A.G. en N.G. Stoletovs, stad. Vladimir

2 LLC "Centrum voor plasmaspuiten" Vladimir

OUTLINE

In het werk worden de fysisch-chemische en technologische kenmerken van de productie van bekledingen en producten van zuiver aluminiumoxide door middel van plasmaspuiten in aanmerking genomen. De korunddeeltjes blijken hun fasesamenstelling te veranderen door door het plasma te gaan. Onmiddellijk na de voltooiing van het plasmaspuiten is het coatingmateriaal of -product een reeks structurele wijzigingen van aluminiumoxide. Er is een relatie gelegd tussen de fasesamenstelling van het plasmaspuitmateriaal en de coatings en de poreusheid, hardheid, slijtvastheid en kleefkracht van de hechting aan het substraat. Aangetoond wordt dat de overgang van de ene structurele wijziging van aluminiumoxide naar de andere altijd gepaard gaat met een volumeverandering en dus invloed heeft op de porositeit van het productmateriaal of de coating. Mogelijkheid van doelgerichte verandering van de porositeit van plasma-gespoten producten van aluminiumoxide is vastgesteld. De rol van gauttercoatings die op het buitenoppervlak van poreuze keramische producten worden aangebracht, is verduidelijkt. Het is aangetoond dat gauttercoatings het binnendringen van gassen en gasvormige verontreinigingen door de poriën van het keramische product voorkomen. Het maakt het mogelijk om dergelijke producten te gebruiken voor de opslag van actieve elementen, vloeistoffen en smeltingen, en ook als recipiënten voor de teelt van enkelvoudige kristallen van de legeringen die zeer actieve elementen bevatten. Studies hebben aangetoond dat de basis van het afval van het poederplasma-spuiten korund is. Ook bleek dat deze afvalstoffen een ongunstige deeltjesgrootteverdeling hebben, γ-wijziging van aluminiumoxide bevatten en een verhoogde hoeveelheid ijzeroxiden in hun samenstelling. Het is aangetoond dat de optimalisatie van de deeltjesgrootteverdeling en de magnetische scheiding het afval van het plasmaspuitpoeder volledig recycleerbaar maken.

Trefwoorden: plasmaspuiten, aluminiumoxide, polymorfe transformaties, coatings, plasmaspuitproducten, kleefkracht, poreusheid, hardheid, slijtvastheid, gauttercoatings, recycling.

6

INLEIDING

Bekledingen van aluminiumoxide worden veel gebruikt in de techniek voor het verhogen van de slijtvastheid, hittebestendigheid van details van verschillende functies, en ook voor het geven van deze details en producten van de stevigheid aan agressieve omgevingen (alkaliën, zuren, zout en metaal smelt) en speciale elektro-isolerende eigenschappen. Producten met aluminiumoxide coatings worden gebruikt in de machinebouw, de metallurgie, de chemische industrie, de olie- en gasindustrie, de textielindustrie, de papierindustrie, de lucht- en ruimtevaartindustrie, de scheepsbouw en de defensie-industrie. Dit verhoogt de levensduur van deze producten aanzienlijk en geeft ze bijzondere fysieke en functionele eigenschappen. De belangrijkste industriële methode die wordt gebruikt om aluminiumoxide coatings aan te brengen is momenteel de plasmaspuitmethode.

Producten van zuiver aluminiumoxide, volledig met plasma gespoten, is een aparte klasse van keramische producten met bijzondere eigenschappen. Deze producten hebben een hoge nauwkeurigheid van geometrische afmetingen, brandwerendheid, chemische inertie van vele stoffen. In tegenstelling tot keramische producten gemaakt van aluminiumoxide door middel van glijdend gieten, bevat het materiaal van plasmaspuitproducten geen bindmiddelen. Deze producten worden uitsluitend gevormd door het sinteren van aluminiumoxide deeltjes die in het plasma gesmolten zijn. Daarom bevat dit materiaal geen vreemde stoffen die de stoffen die ermee in contact komen (metaalsmeltingen, chemische oplossingen, functionele vloeistoffen, enz.) In dit verband worden plasmaspuitproducten van zuiver aluminiumoxide gebruikt als vaten en technologische apparatuur in de chemische industrie, de elektrometallurgie (inclusief speciale elektrometallurgie), in de continugiettechnologie, in de geneeskunde, in de biologie, bij de bouw van milieuvriendelijke processen en in de industrie. Dergelijke producten hebben gevonden brede toepassing in de technologie van de productie van monokristallen constante magneten waar ze worden gebruikt als vuurvaste containers voor de teelt van monokristallen van multicomponent magnetische legeringen en als andere soorten van gieterij-metallurgische apparatuur [1-4]. De plasmaspuitmethode is de enige methode om dergelijke producten te vervaardigen.

De methode van plasmaspuiten in de machinebouw.

Plasmaspuiten als coatingmethode wordt al sinds het begin van de jaren zestig van de vorige eeuw in de machinebouw toegepast. De techniek en de technologie van het plasmaspuiten en de daarvoor gebruikte apparatuur zijn in detail beschreven in monografieën [8-10]. Deze methode wordt zowel gebruikt voor het aanbrengen van de eigenlijke coatings voor verschillende doeleinden, als voor de restauratie van versleten oppervlakken van onderdelen van technische producten. Het gebruik van plasmaspraycoatings verhoogt de levensduur van onderdelen (producten) en geeft ze nieuwe kwaliteiten (verhoogde slijtvastheid, hittebestendigheid, thermische barrière-eigenschappen, elektrische isolatie-eigenschappen, etc.). De methode maakt het mogelijk om vuurvaste metalen en chemische verbindingen aan te brengen op de oppervlakken van verschillende producten (onderdelen). Zo kan de bekleding een dergelijke dikte hebben waarbij het niet meer in een rol van een oppervlaktelaag werkt, en de functie van een zelfstandig product of een detail uitvoert dat op een andere manier onmogelijk of uiterst moeilijk te ontvangen is (wolfraam sproeiers, smeltkroezen, producten van zuiver aluminiumoxide). Het proces van de vorming van coatings en de vervaardiging van producten door middel van de plasmaspuitmethode bestaat uit de overdracht van bewegende korunddeeltjes met hoge snelheid (alfamodificatie van aluminiumoxide) door de plasmastroom en de daaropvolgende toepassing ervan op het oppervlak van het werkstuk (in het geval van coating) of op het oppervlak van de roterende vormvormende doorn (in het geval van de vervaardiging van het product).

Voor de uitvoering van de plasmaspuitmethode wordt meestal het schema van fig. 1 gebruikt.

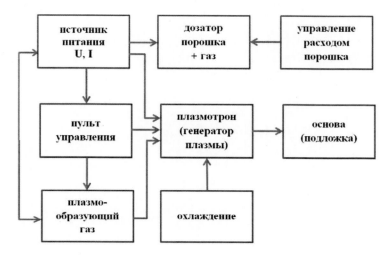

Fig.1. Blokschema van het plasmaspuitproces [10].

In de huidige werkzaamheden is dit schema geïmplementeerd door middel van een geautomatiseerde eenheid UPN-350 (Rusland) uitgerust met een watergekoelde plasmatron met kruisblaasboog. Het poedermateriaal werd via de doseerunit D-40PN naar de flowzone gebracht. Het plasmavormende gas was perslucht. Spuitmodi waren in alle gevallen (behalve in speciaal gespecificeerde gevallen) hetzelfde: de huidige waarde van de plasmatronboog was 125-130A, spanning - 200-210V, de druk van plasmavormend gas (lucht) - 0,4-0,6 MPa, spuitafstand - 200mm, spuitcapaciteit (het verbruik van poeder Al2O3) - 6-7 kg / h, de rotatiesnelheid van de doorn - 200 rpm, de snelheid van de beweging van de plasmatron ten opzichte van het gespoten oppervlak - 20 mm / s. Het schema van het spuitproces is weergegeven in Fig. 2.

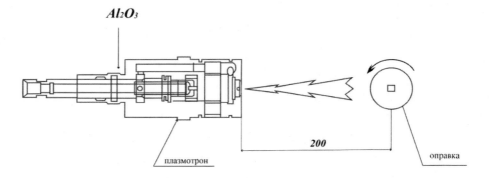

Fig.2. Schema van het sproeiproces van EPN-350 eenheid.

Plasmaspuitproducten werden in een kameroven van resistentiemerk LH 30/13 van het bedrijf "Nabertherm" (Duitsland) warmtebehandeld. De temperatuur-tijdmodus van de warmtebehandeling werd ingesteld en gehandhaafd door middel van een speciaal programmeerbaar apparaat in de oven.

Materialen voor plasmaspuiten.

Alle metalen, legeringen en chemische verbindingen die niet dissociëren bij hoge temperatuurverwarming kunnen een materiaal zijn voor het coaten en fabriceren van producten door middel van plasmaspuiten. In dit werk als materiaal voor plasma sputteren gebruikt alfa-modificatie van aluminiumoxide - wit elektrocorundum merk 25A volgens GOST R 52381-2005 als een poeder met een gemiddelde korrelgrootte van 32 micron. De hulpstoffen die deel uitmaken van het elektrocorund, % wt.: Pb - 0,24; Cu - 0,15; Zn - 0,05; Fe - 0,3; Zr - 0,24. Het verschijnen van korundpoederdeeltjes die bedoeld zijn voor het spuiten van plasma's is te zien in Fig. 3.

Voorbereiding van het substraatoppervlak voor plasmaspuiten

De methoden voor de voorbereiding van het substraatoppervlak voor het coaten en voor het vervaardigen van producten door middel van plasmaspuiten verschillen van elkaar. Verplichte werking van de oppervlaktevoorbereiding vóór het aanbrengen van de coating door middel van de plasmaspuitmethode is het opruwen van het gespoten substraatoppervlak. Dit om ervoor te zorgen dat het gespoten materiaal mechanisch kan worden vastgezet op dit oppervlak. Om deze ruwheid te creëren, wordt het gespoten oppervlak van het substraat onderworpen aan een jet-abrasieve behandeling. Kwartszand of korund wordt meestal gebruikt als schuurmiddel. Laserschrobben is een zeer effectieve methode van ruwheidsgeleiding.

Fig.3. Verschijning van korundpoederdeeltjes bestemd voor plasmaspuiten. Rasterelektronenmicroscopie.

In sommige gevallen is het stralen van het gespoten oppervlak met een gietijzeren schot geschikt. Het wordt met name gebruikt wanneer het nodig is om het materiaal van het met koolstof besproeide oppervlak te verzadigen voor het spuiten van carbide- of cermetcoatings. Bij het plasmasputteren van zuiver aluminiumoxide is de jet-abrasieve behandeling van een oppervlak met korund het meest gerechtvaardigd. In het huidige werk werd juist deze methode van oppervlaktevoorbereiding gebruikt.

Wanneer coatings worden gevormd door de plasmaspuitmethode om een betrouwbaardere hechting van het coatingmateriaal aan het substraatmateriaal te

11

garanderen voordat de hoofdcoating op het substraatoppervlak wordt aangebracht, wordt in sommige gevallen een tussenliggende sublaag aangebracht uit het materiaal dat zowel met het substraatoppervlak als met het coatingmateriaal kan interageren. Nikkel of legeringen op basis daarvan worden het meest gebruikt voor dit doel. Een dergelijke onderlaag zorgt meestal voor een voldoende hoge kleefkracht van de coating op het substraat, maar leidt tegelijkertijd tot een aanzienlijke verhoging van de kosten van de coating.

Bij de vervaardiging van plasmaspuitproducten uit keramiek, waaronder zuiver aluminiumoxide, wordt het gespoten oppervlak niet onderworpen aan een extra behandeling om de ruwheid te geleiden. Integendeel, de doorn wordt gehard om de hardheid te verhogen en geslepen om de ruwheid te verminderen. Het is noodzakelijk dat de doorn na afloop van het spuitproces gemakkelijk te scheiden is van het reeds gevormde product. Een verplichte aanvullende maatregel om de afscheiding van het gespoten product van de doorn te garanderen, is het creëren van een tussenlaag tussen de doornvlakken en het plasmaspuitproduct, die gemakkelijk kan worden verwijderd. Hiervoor wordt vóór het spuiten een speciale onderlaag van een in water oplosbare stof op het oppervlak van de doorn aangebracht. Na afloop van het spuitproces wordt het gevormde product samen met de doorn in een stromend waterbakje geplaatst. Na volledige ontbinding van het materiaal onderlaag in water, is het product gemakkelijk te scheiden van de doorn. De selectie van de in water oplosbare laagdikte wordt experimenteel uitgevoerd voor elk specifiek product.

Polymorfe transformatie van aluminiumoxide.

Het is bekend dat aluminiumoxide een aantal polymorfe modificaties heeft [11-13]. De meest voorkomende wijziging van aluminiumoxide is γ-aluminiumoxide - aluminiumoxide. Dit is de meest chemisch actieve modificatie van aluminiumoxide. Het is in staat om te sinteren en te interageren met andere stoffen om onafhankelijke tussenliggende chemische verbindingen te vormen. De structuur van γ-aluminiumoxide ligt dicht bij de spinelstructuur en kan waterstof en zuurstof bevatten. Beschikbaarheid van waterstof en zuurstof op het oxideoppervlak en veroorzaakt een hoge chemische activiteit γ-Al_2O_3 [13].

Gewoonlijk wordt aluminiumoxide verkregen uit de hydraten. Aluminiumoxide trihydraat (γ-Al_2O_3 x $3H_2O$), dat hydrargylliet (of gibbsiet) wordt genoemd, is een stabiele verbinding bij temperaturen onder 200 ° C, maar verliest bij verhitting een deel van het chemisch gebonden water en verandert in een monohydraat van aluminiumoxide boehmiet (γ-Al_2O_3 x H_2O). Bij verdere verhitting tot temperaturen boven 450 ° C treedt dehydratatie van boehmiet op met de vorming van niet-waterig (watervrij) aluminiumoxide (γ-Al2O3) en een aantal tussenliggende (overgangs)vormen van aluminiumoxide, die uiteindelijk overgaan in zijn enige stabiele vorm - korund (α-Al2O3). De volgorde van polymorfe transformaties van waterhoudende aluminiumoxide wijzigingen bij hun uitdroging met de vorming van tussenvormen van aluminiumoxide wanneer de temperatuur toeneemt in de vorm van een schema is weergegeven in Fig. 4.

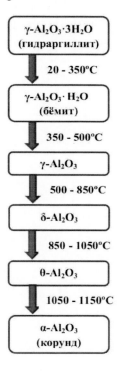

Fig.4. Opeenvolging van polymorfe transformaties van waterhoudende aluminiumoxide modificaties bij verwarming [11-13].

Verschillende modificaties van aluminiumoxide verschillen van elkaar in type en grootte van het kristalrooster, evenals in de dichtheidswaarden. De gegevens die hierover in de technische literatuur beschikbaar zijn, staan in tabel 1.

Tabel 1. Gegevens over de kenmerken van enkele structurele wijzigingen van aluminiumoxide [7, 11-13,35].

Aluminiumoxide aanpassingen	Type kristalrooster	Roosterparameter, nm	Dichtheid, g/cm3
α-Al2O3	PSU	a=0,4754; s=0,1299; s/a=2,73.	3,99-4,0
γ-Al2O3	GCC	a=0,790	3,6-3,65
δ-Al2O3	JTF*	a=0,57; c=0,290; s=1,18; s/a=2,07	2,4

*" Fugitive-centered hexagonale

De verandering van de ene structuurwijziging naar de andere gaat altijd gepaard met een volumewijziging. Volgens [11,13] kan bij de overgang van γ-Al2O3 naar α-Al2O3 een volumeverandering van 14-18% plaatsvinden.

De resultaten van talrijke studies van verschillende auteurs tonen aan dat het aantal tussentijdse (overgangs)structurele wijzigingen van aluminiumoxide tijdens de transformatie van γ-Al2O3 naar α-Al2O3 zeer groot is (δ, ε,η, θ, ι, κ, π, ρ, χ). Het hangt af van de methoden en voorwaarden van de productie van aluminiumoxide; van de wijze van thermische behandeling; van de vraag of de thermische behandeling werd uitgevoerd in een vacuüm, in een beschermende atmosfeer of in de open lucht; van de aanwezigheid van vocht in de atmosfeer; van de waarde van de druk- en temperatuurgradiënten die invloed hebben op aluminiumoxide deeltjes bij gebruik in verschillende sputterfabrieken (in explosief sputteren, plasma sputteren, laser sputteren, etc.). De meeste van deze tussentijdse structurele aanpassingen hebben vrij beperkte temperatuurstabiliteitsintervallen. Dit lijkt een van de belangrijkste redenen te zijn voor hun gebrek aan onderzoek. Een gemeenschappelijk kenmerk van tussenvormen van aluminiumoxide is hun hoge reactiviteit.

Zoals hierboven vermeld, wordt de enige stabiele versie van α-Al2O3, korund, gewoonlijk gebruikt als plasmaspuitmateriaal voor aluminiumoxide. Door de plasmastroom kunnen de korunddeeltjes gedeeltelijk of volledig smelten en bij uitharding op het metaalsubstraat ook een aantal tussenliggende structurele wijzigingen vormen die verschillen van hun tegenhangers bij lage temperatuur,

14

waaronder formaties met spinelstructuur [13-15]. Het schema van de verdere omzetting van deze structurele wijzigingen in korund bij de verwarming ervan is weergegeven in Fig. 5.

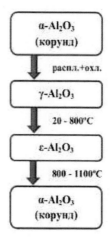

Fig.5. Opeenvolging van polymorfe transformaties van tussenliggende modificaties van aluminiumoxide gevormd bij de overgang van korunddeeltjes door plasma, bij hun verhitting [13-18].

Fasesamenstelling van plasma-gespoten aluminiumoxide coatings

Het proces van de vorming van plasma-gespoten coatings en zuivere aluminiumoxide producten houdt in dat er met hoge snelheid gespoten materiaaldeeltjes (korund) door de plasmastroom bewegen. Daarbij kunnen ze (korunddeeltjes) geheel of gedeeltelijk worden gesmolten. Het gesmolten aluminiumoxide verhardt met hoge snelheid wanneer het het oppervlak van het substraat of de doorn raakt. Leidt dit tot een verandering in de fasesamenstelling van het gespoten materiaal? De gegevens die beschikbaar zijn in de technische literatuur geven aan dat de fasesamenstelling van de coating sterk kan verschillen van die van het oorspronkelijke poeder [11-18].

In het huidige werk hebben we onze eigen experimentele studie uitgevoerd naar de verandering in de fasesamenstelling van gesmolten korund bij de daaropvolgende afkoeling in verschillende koelmedia en in de lucht op het oppervlak van massieve platen van materialen met een verschillend warmtegeleidingsvermogen. Hiervoor werd een korundstaaf met een diameter van 10 mm en een lengte van 100 mm in de plasmastroom gesmolten. De resulterende smelting werd gegoten (gegraven) in water, in olie, op een massieve koperplaat, op een massieve stalen plaat, op een keramische plaat van gesmolten korund. Alle koelmiddelen en platen waren op kamertemperatuur. De smeltdruppel was zeer volumineus en na uitharding was het een vormloze formatie met een dikte van ongeveer 3 mm. De fasesamenstelling van het verkregen materiaal, na verbrijzeling en vermaling in een stalen mortel, werd bestudeerd met röntgendiffractometer "D8 Advance" (Bruker AXS, Duitsland). De metingen zijn uitgevoerd in SoCα-straling. De resultaten zijn weergegeven in tabel 2.

Tabel 2 - Fasesamenstelling van het materiaal van de monsters verkregen door snelle afkoeling van zuiver aluminiumoxide in verschillende koelmedia.

№	Koelomgeving	Fasesamenstelling, % wt.		
w/w	(vloeistof, oppervlak)	α-Al2O3	γ-Al2O3	δ-Al2O3
1	Water	77,6±0,9	18,2±1,1	4,2±1,0
2	Boter	98,6±0,4	1,4±0,3	-
3	Koperen plaat	99,8±0,1	-	0,2±0,1
4	Staalplaat	97,5±0,2	0,9±0,2	1,5±0,2
5	Keramische plaat	95,8±0,2	2,3±0,3	2,4±0,2

Uit de experimentele gegevens in tabel 2 kunnen de volgende conclusies worden getrokken:

1. Na het smelten in plasma en de daaropvolgende verharding door een van de varianten 1-5, verandert de α-Al2O3 (korund) samenstelling. Afhankelijk van het type koelmedium of warmtegeleidingsvermogen van het substraatmateriaal is dit materiaal een set structurele wijzigingen van aluminiumoxide. In alle gevallen bevat het monstermateriaal naast de α-modificatie van aluminiumoxide (korund) nog andere modificaties van aluminiumoxide, in het bijzonder de γ- en δ- modificaties.

2. De koelsnelheid beïnvloedt de fasesamenstelling van het resulterende materiaal, maar het effect is niet groot. Afname van de afkoelsnelheid van de aluminiumoxide-smelt tijdens de overgang van variant 2 naar variant 5 leidt tot een lichte toename van γ en δ-modificaties van aluminiumoxide in het monstermateriaal. De hoeveelheid α-Al2O3 is licht verlaagd.

3. Significante veranderingen in de fasesamenstelling van gesmolten α-Al2O3 (korund) tijdens de verharding in water zijn waarschijnlijk niet gerelateerd aan de afkoelsnelheid maar aan het stabiliserende effect van water op de γ-modificatie van aluminiumoxide, zoals aangegeven in [13].

Hier moet nogmaals worden benadrukt dat het experiment is uitgevoerd met vrij grote druppels gesmolten korund, dat na uitharding een dikte van ongeveer 3 mm had.

Om het effect van dispersie (korrelgrootte) van het bronkorundpoeder op de fasesamenstelling van de met plasma gespoten coating op een massieve staalplaat bij kamertemperatuur te beoordelen, werden coatings van korundpoeders van verschillende fracties aangebracht. De gemiddelde grootte van de poederfractie van gesproeid materiaal was 32,8±1,5; 53±3,0; 109±5,0 µm. Sproeimodi waren in alle gevallen hetzelfde (zie hierboven). Het spuiten werd uitgevoerd zonder enige geforceerde koeling van het substraat. In alle gevallen was de dikte van de gespoten laag ongeveer 1,5 mm. De werkelijke fasesamenstelling van de plasmaspraycoating werd bepaald door kwantitatieve fase-analyse met behulp van röntgendiffractometer "D8 Advance" van Bruker AXS (Duitsland). Het onderzoek is uitgevoerd in SoCα-straling. Voor de metingen werd de gespoten aluminiumoxidelaag van de ondergrond gescheiden en in een staalmortel geslepen. In het TOPAS-programma is een kwantitatieve faseanalyse uitgevoerd. De resultaten van de analyse zijn weergegeven in tabel 3.

Tabel 3. - Gegevens van kwantitatieve röntgenfase-analyse van plasma-gespoten bekledingsmateriaal uit korundpoeder van verschillende fracties.

№ w/w	Initiële korundpoederfractiegrootte, µm	Fasesamenstelling, % wt.		
		α-Al2O3	γ-Al2O3	δ- Al2O3
1	32,8±1,5	8,0±0,1	63,3±0,4	28,7±0,3
2	53±3,0	9,0±0,2	66,3±0,4	24,7±0,4
3	109±5,0	10,2±0,1	71,5±0,3	18,3±0,3

Zoals blijkt uit tabel 3 verandert de fasesamenstelling van het bronkorundpoeder bij de plasma-transitie, wat overeenkomt met de gegevens uit literatuurbronnen [13]. Het plasmaspuitmateriaal is direct na het spuiten meerfasig en vertegenwoordigt een set modificaties van aluminiumoxide. En het grootste deel van deze set valt op de modificatie van γ-Al2O3. De grootte van het bronkorundpoeder is van invloed op de fasesamenstelling van de plasmaspraycoating. Dit effect is klein, maar laat ons toe te concluderen dat het vergroten van de deeltjesgrootte van het bronkorundpoeder leidt tot een toename van het coatingmateriaal van de modificatie α-Al2O3.

Fig. 6 toont het beeld van de gespoten laag macrostructuur verkregen uit korundpoeder met een deeltjesgrootte van 32,8±1,5 µm. De afbeelding is gemaakt met de Tescan Vega 3 SBH rasterelektronenmicroscoop (Tsjechië). Het doel van het onderzoek was metallografisch slijpen.

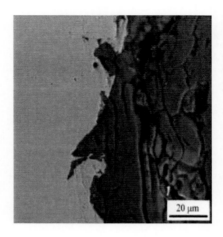

Fig.6. Beeld van plasma gespoten laag van zuiver aluminiumoxide macrostructuur, SEM.

Fig. 6 toont aan dat de gespoten korunddeeltjes volledig gesmolten waren toen ze in contact kwamen met het staalsubstraat. Dit blijkt uit de afgeplatte vorm van de aluminiumoxidekorrels in de spuitlaag, die eruit ziet als gespoten druppels. De afbeeldingen van gespoten lagen van coatings die met grotere fracties (deeltjes) korund zijn verkregen, wijken niet veel af van de afbeeldingen in Fig. 6.

Met de methode van kwantitatieve röntgenfase-analyse in het huidige werk werd de invloed van de dikte en de temperatuur van het gespoten oppervlak (substraat) op de fasesamenstelling van het coatingmateriaal onderzocht. Het uitgangsmateriaal voor het sputteren was korundpoeder 25A met een gemiddelde deeltjesgrootte van 32 µm. Het substraat voor het spuiten was een massieve stalen plaat, altijd op kamertemperatuur voordat het spuiten begon. De sproeimodi bleven dezelfde en in overeenstemming met de bovenstaande waarden. De resultaten zijn opgenomen in tabel 4.

Tabel 4 - Invloed van plasma-gespoten Al2O3-coating dikte op de fasesamenstelling.

№ w/w	Dikte van de coating, mm	Fasesamenstelling van het coatingmateriaal, % wt.		
		α-Al2O3	γ-Al2O3	δ- Al2O3
1	0,15	13,6±0,2	58,7±0,4	27,7±0,3
2	0,3	11,4±0,2	58,6±0,3	28,4±0,3
3	0,5	10,4±0,2	55,6±0,4	34,0±0,4

Tabel 4 laat zien dat de dikte van de plasmagespoten Al2O3-coating de fasesamenstelling van het materiaal van deze coating beïnvloedt. Het verhogen van de dikte van de coating leidt tot een afname van het gehalte aan α-Al2O3 en γ-Al2O3. De inhoud van de wijziging δ-Al2O3 neemt juist toe.

Om de afhankelijkheid van de fasesamenstelling van de coating van de temperatuur van het gespoten oppervlak (substraat) vast te stellen, werd het substraat voor het spuiten verwarmd tot verschillende temperaturen. De dikte van de coating was in alle gevallen gelijk en was 1,5 mm. De resultaten van het onderzoek zijn opgenomen in tabel 5.

Tabel 5 - Invloed van de substraattemperatuur op de fasesamenstelling van de Al2O3-coating.

№ w/w	De temperatuur van het substraat, °C	Fasesamenstelling van het coatingmateriaal, % wt.		
		α-Al2O3	γ-Al2O3	δ-Al2O3
1	20	9,8±0,2	58,9±0,3	31,3±0,3
2	350	12,8±0,1	62,3±0,3	24,9±0,3
3	1200	37,1±0,1	10,4±0,4	52,4±0,2

Zoals uit tabel 5 blijkt, heeft de substraattemperatuur een significante invloed op de fasesamenstelling van de gespoten Al2O3-coating. Hoe hoger de substraattemperatuur, hoe meer α-Al2O3 in het coatingmateriaal. Het aantal δ-Al2O3 neemt ook toe, terwijl het aantal γ-Al2O3 afneemt.

Hechtsterkte van plasmagespoten coatings van zuiver aluminiumoxide.

Het is bekend dat **α-wijziging van** aluminiumoxide (korund) chemisch inert is en geen hoge hechtsterkte heeft met het gespoten substraat. De gespoten laag coating wordt uitsluitend op het substraat gehouden door de krachten van de mechanische interactie met het eerder geprepareerde substraatoppervlak. Deze voorbereiding bestaat uit het schuren van het oppervlak van de ondergrond of uit het behandelen van dit oppervlak met andere methoden van begeleiding van voldoende ruwheid, zoals laserschrobben.

Een van de methoden om de hechtsterkte van de coating met het substraat te verhogen is het aanbrengen van een speciale laag thermoreactieve materialen op een nikkel- of kobaltbasis op het substraatoppervlak. Dit maakt het mogelijk om de kleefkracht aanzienlijk te verhogen, maar bemoeilijkt en verhoogt de kosten voor het verkrijgen van slijtvaste coatings van aluminiumoxide [20, 21].

Om de hechtsterkte van aluminiumoxide aan het substraat te verhogen, is het noodzakelijk om de chemische activiteit ten opzichte van het substraatmateriaal te verhogen. Het is wenselijk dat de substraatmaterialen en de coatings in elkaar kunnen doordringen wanneer ze met elkaar in contact komen en vaste oplossingen of chemische verbindingen vormen. Zoals hierboven is aangetoond, is de meest chemisch actieve modificatie van aluminiumoxide γ-Al2O3. Deze structurele wijziging bevat water in zijn samenstelling. Bij verhitting scheidt het water zich af van de vorming van zuurstof- en waterstofatomen, die een hoge chemische activiteit van deze fase veroorzaken. Als het substraatmateriaal staal of andere legeringen op basis van ijzer is, wordt een dunne laag ijzeroxiden gevormd in de aanwezigheid van vocht op het oppervlak. Bij contact met γ-Al2O3 kunnen oxiden nieuwe chemische verbindingen vormen die samenhangend zijn met het substraatmateriaal. Als gevolg hiervan zou de hechtsterkte van de Al2O3-hechtingscoating op het substraat aanzienlijk moeten toenemen. Dit moet worden vergemakkelijkt door het water dat aan het besproeide oppervlak van het substraat wordt toegevoerd om het te koelen. Volgens gegevens [11-13] stabiliseert water de γ-modificatie van Al2O3, bevordert het de vorming ervan bij het plasmaspuiten. In de aanwezigheid van grote hoeveelheden water wordt de vorming van een chemische verbinding tussen γ-Al2O3 en ijzeroxide vergemakkelijkt en gebeurt dit intensiever.

Om het bovenstaande te bevestigen, werden monsters van plasma-gespoten coatings van zuiver aluminiumoxide geproduceerd voor verschillende methoden om het gespoten oppervlak te koelen: zonder koeling, wanneer gekoeld door lucht, wanneer gekoeld door water. De lucht en het water werden rechtstreeks naar de sproeizone geleid. De gespoten monsters hadden de vorm van een 15 mm dikke plaat. Het materiaal van de plaat was staal, met een koolstofgehalte tot 0,1 gewichtsprocent. Sproeimodi waren in alle gevallen hetzelfde (zie hierboven). Voor het spuiten werd het substraatoppervlak verwarmd tot 350°C. Op de verkregen monsters werd de fasesamenstelling van het coatingmateriaal en de hechtsterkte van de coating aan het substraat gemeten. Tabel 6 toont de resultaten van het meten van de hechtsterkte van de met plasma gespoten zuiver aluminiumoxide coating bij verschillende methoden om het staalsubstraat tijdens het sputteren af te koelen. De gegevens over de fasesamenstelling van het materiaal van de verkregen coatings direct na afloop van het plasmaspuitproces worden hier ook gegeven.

Tabel 6 - Invloed van substraatkoelmethoden op de fasesamenstelling en hechtsterkte van plasma-gespoten coating van zuiver aluminiumoxide.

Spuitoptie	Fasesamenstelling van de coating, % vol.			Gespoten coating hechtsterkte aan de ondergrond, σ, MPa	Methode van substraatkoeling
	α-Al2O3	γ-Al2O3	δ- Al2O3		
1	9,8±0,2	58,9±0,3	31,3±0,3	27,35	Zonder koeling.
2	12,8±0,1	62,3±0,3	24,9±0,3	31,05	Luchtkoeling
3	2,1±0,1	93,4±0,4	4,5±0,2	63,12	Waterkoeling

Uit tabel 6 blijkt dat de watertoevoer naar de sproeizone ertoe leidt dat het grootste deel van de oorspronkelijke α-Al2O3 naar γ-Al2O3 gaat. De hechtsterkte van de gespoten coating op het staalsubstraat is meer dan verdubbeld ten opzichte van de optie waarbij het spuiten wordt uitgevoerd zonder het substraat af te koelen.

De kleefkracht van de koppeling werd gemeten met de stiftmethode die in [7, 19] wordt beschreven. Deze methode om de hechtsterkte van een coating met een gespoten ondergrond te beoordelen wordt in de technische literatuur ook vaak aangeduid als de "afscheurmethode". Het schema van de methode is weergegeven in Fig. 7.

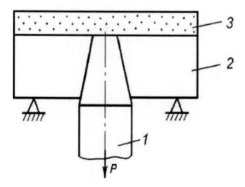

Fig.7. Testschema voor de hechtkracht van de coating op het gespoten oppervlak
door middel van de stiftmethode: 1-pins; 2-wasser; 3-keramische coating.

Met een WDW-100E-scheurmachine (Time Group Inc., China) werd het
kegelmonster 1, gelast aan een stalen oppervlak 2, van dit oppervlak gescheurd.
Tegelijkertijd werd de uittrekkracht opgenomen. De waarde van de kleefkracht van
de koppeling werd bepaald door de verhouding tussen de afbraakkracht (belasting) en
het afbraakgebied van de vernielde coating. Voor elke sproeivariant uit tabel 6 werd
het experiment 3 keer herhaald. De resultaten werden bepaald als rekenkundig
gemiddelde. Fig. 8 toont een foto van het eindoppervlak van een pin nadat deze van
de coating is losgemaakt, verkregen door (1), (2) en (3) varianten.

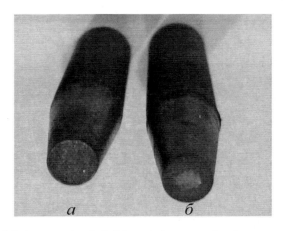

Fig.8. Verschijning van de eindzijde van de pen nadat deze van de coating is losgemaakt, verkregen door de varianten 1 en 2 (a) en 3 (b).

Er is te zien dat op het eindoppervlak van de pen die in contact komt met het coatingmateriaal van de optie (3), sporen van interactie tussen het coatingmateriaal en het materiaal van de pen aanwezig zijn. Er zijn geen sporen van een dergelijke interactie gevonden op het oppervlak van de pennen die in contact komen met het materiaal van de coatings die door de varianten (1) en (2) zijn verkregen.

De grenzen van de Al2O3-laag en het gespoten oppervlak (substraat) werden bestudeerd door elektronenmicroscopie (SEM) en energiedispersieve röntgenspectroscopie (EDS) methoden met behulp van de "Tescan Vega 3 SBN"-eenheid (Tsjechië) met bevestiging in Oxford (VS). Uit onderzoek is gebleken dat bij de ontvangen monsters op de varianten 1 en 2, tekenen van chemische interactie van een bekledingsmateriaal met een materiaal van een gespoten oppervlak (substraat) afwezig waren. Er werd een overgangslaag gevonden op de grens tussen de plasma-gespoten coating en het substraat volgens de EDS-methode, wat aangeeft dat er een diffusie-interactie was tussen het coatingmateriaal en het substraatmateriaal. De resultaten zijn weergegeven in figuur 9.

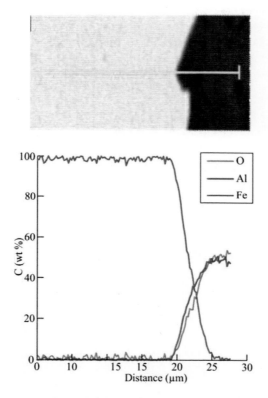

Fig.9. Resultaten van de EDS-analyse van de Al2O3-interface - coating met het gespoten oppervlaktemateriaal.

Uit figuur 9 kunnen we zien dat de breedte van de overgangslaag 5-7 micron is. Blijkbaar waterhoudende modificatie γ-Al2O3 in het proces van plasmaspuiten volgens de variant 3 interageert met ijzeroxiden gevormd op het stalen substraatoppervlak met de vorming van spinel type Al2O3xFeO. Gelegen op de grens van Al2O3 - coating en gespoten stalen oppervlak (substraat), kunnen deze spinels een verhoogde kleefkracht van de coating veroorzaken, verkregen door optie 3. Plasmaspuitprocessen lopen op hoge snelheid en de tijd die nodig is voor de spinelvorming is zeer kort. Daarom is de spinellaag zeer dun, wat het moeilijk maakt om te detecteren met behulp van metallografische methoden.

De technologie van plasmagespoten coatings volgens de variant 3 (tabel 3) werd gebruikt voor de vorming van een laag γ-Al2O3, waarop Al2O3 werd aangebracht - coating reeds zonder watertoevoer naar de sproeizone. Bij een laagdikte van ongeveer 100 μm had de ontvangen bekleding dikte ~ 400 μm en hardheid HV=821 kgf/mm2. Het onderlaagmateriaal en het coatingmateriaal in het contactvlak vormden één geheel.

Porositeit van plasma-gespoten coatings van zuiver aluminiumoxide

Plasmabespuitingen van zuiver aluminiumoxide zijn poreus. Fig. 10 toont het uiterlijk en de configuratie van de poriën in een dergelijke dekking. Het beeld werd verkregen door de methode van raster elektronische microscopie (EDS) van het oppervlak van speciaal geprepareerde metallografische slijpen. Hier wordt de Al2O3-coating op het staalsubstraat aangebracht.

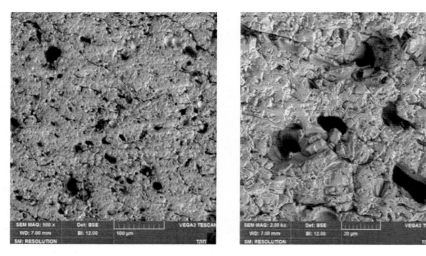

Fig. 10. Porositeit in plasma-gespoten Al2O3 coating aangebracht op staalsubstraat.

De porositeit is ongelijk verdeeld over de dikte van de Al2O3-coating. In de buurt van het substraat is de porositeit het kleinst. Naarmate de laagdikte toeneemt, neemt de porositeit monotoon toe. De meest poreuze zijn de buitenste lagen van de coating.

De resultaten van [22-25] laten zien dat de poreusheid van de Al2O3-coating afhankelijk is van de coatingdikte. Hoe dikker de coating, hoe poreuzer deze is. De grafiek van de porositeitsverandering bij toenemende dikte van de Al2O3-coating is weergegeven in Fig.11. De gegevens zijn ontleend aan [22]. Op het staalsubstraat is een Al2O3-coating aangebracht. De spuitafstand was 110 mm met de stroomwaarde van de elektrische boog van plasmatron 660A.

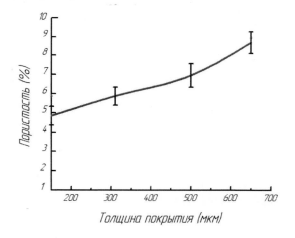

Fig.11. Verandering van de porositeit afhankelijk van de dikte van de Al2O3-coating [22].

Werken [24,25] laten ook zien dat de porositeit van Al2O3-coatings afhankelijk is van de ruwheid van het substraatoppervlak en de temperatuur ervan. Het verhogen van de oppervlakteruwheid van het substraat leidt tot een verhoogde porositeit van plasma-gespoten Al2O3 coatings. Een verhoging van de substraattemperatuur leidt daarentegen tot een afname van de porositeit van deze coatings. Plots van afhankelijkheid van de poreusheid van Al2O3-coatings van de ruwheid van het substraatoppervlak en de temperatuur ervan zijn te zien in Fig.12.

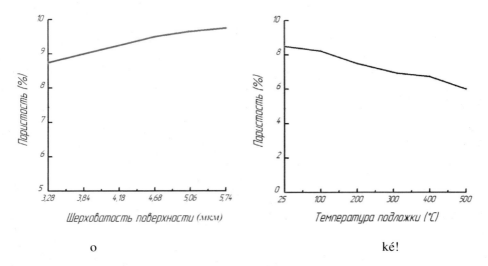

o   ké!

Fig.12. Plots van afhankelijkheid van de poreusheid van Al2O3-coatings op de ruwheid van het substraat (a) en op de temperatuur van het substraat (b) [24,25].

Naast de bovengenoemde omstandigheden is de poreusheid van de met plasma gespoten Al2O3-coatings afhankelijk van de spuitafstand, d.w.z. de afstand tussen het plasmapistool en het gespoten substraatoppervlak. In het werk [24] is er een grafiek van deze afhankelijkheid. In dit document wordt deze grafiek weergegeven in Fig. 13.

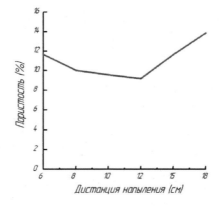

Fig.13. Grafiek van de afhankelijkheid van Al2O3-poreusheid van coatings op spuitafstand [24].

28

Zoals te zien is in Fig.13 wordt de kleinste poreusheidswaarde van Al2O3-coatings bereikt wanneer de spuitafstand (afstand tussen het plasmapistool en het gespoten oppervlak) 120 mm bedraagt.

Uit het bovenstaande volgt dat voor het verkrijgen van de minimale porositeit van plasma-gespoten Al2O3 coatings het noodzakelijk is dat de afstand tussen de plasmatoorts en het gespoten oppervlak 120 mm is, de ruwheid van het gespoten oppervlak van het substraat minimaal is, de temperatuur van het substraat zo hoog mogelijk is (tot 500°C) en de dikte van de coating zo klein mogelijk moet zijn.

Hardheid van plasma-gespoten Al2O3-coatings.

De hardheid van aluminiumoxide coatings die door middel van plasmaspuiten worden aangebracht, is afhankelijk van de fasesamenstelling van de coating zelf. Bedekkingen die volledig bestaan uit α-Al2O3 (korund) hebben de hardheid van korund, die volgens de Mohs-schaal 9 conventionele eenheden is [11, 35]. Coatings waarvan de fasesamenstelling overeenkomt met γ-Al2O3 hebben de hardheid van deze modificatie van aluminiumoxide, die op de schaal van Mohs ongeveer 3 conventionele eenheden is. Coatings waarvan de fasesamenstelling een combinatie is van verschillende modificaties van de aluminiumoxidefase zullen tussenliggende hardheidswaarden hebben. Hoe groter de α-modificatie van aluminiumoxide (korund), hoe harder de coating zal zijn.

Hieronder staan de resultaten van hardheidsmetingen van plasma-gespoten Al2O3 - coatings, afhankelijk van de sputtermodi, de toestand van het sputteroppervlak en de door andere onderzoekers verkregen coatingdikte. Volgens de gegevens van [26] is de hardheid van plasma-gespoten Al2O3 coatings sterk afhankelijk van de elektrische spanning en de elektrische stroom van de werkende plasmatron. Fig.14 (a) en (b) tonen grafieken die deze afhankelijkheden illustreren.

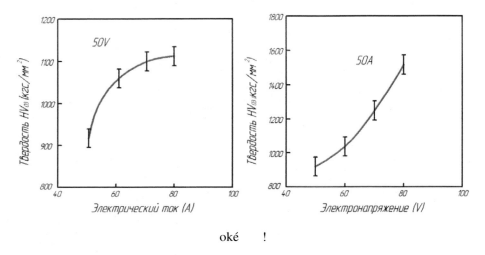

oké   !

Fig.14. Afhankelijkheid van de hardheid van de met plasma gespoten Al2O3-coatings van de waarde van de stroom (a) en de spanning (b) van de plasmatronboog [26].

Uit de diagrammen blijkt dat zowel de toename van de stroom van de plasmatronboog als de toename van de elektrische spanning leiden tot een verhoging van de hardheid van de plasma-gespoten Al2O3-coatings. Tegelijkertijd werd ook een gelijktijdige verhoging van de dichtheid van de coating (afname van de porositeit) vastgesteld.

In [22-26] werd aangetoond dat de verhoging van de hardheid van plasma-gespoten Al2O3-lagen onder andere gelijke omstandigheden optreedt bij een afname van de oppervlakteruwheid van de gespoten ondergrond (Fig. 15), bij een toename van de temperatuur van de ondergrond (Fig. 16), bij een afname van de dikte van de gespoten coating (Fig. 17). In [24] werd vastgesteld dat de hardheid van met plasma gespoten Al2O3 coatings monotoon toeneemt met een toenemende spuitafstand tot 120 mm. Een verdere toename van de spuitafstand leidt tot een geleidelijke afname van de hardheid van deze coatings.

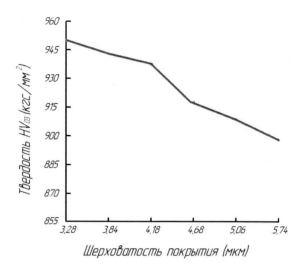

Fig.15. Grafiek van de afhankelijkheid van plasma-gespoten Al2O3 coating hardheid op ruwheidsgraad van het gespoten oppervlak (substraat) [25].

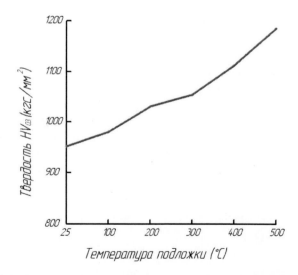

Fig.16. Grafiek van de afhankelijkheid van plasma-gespoten Al2O3 coating hardheid van de temperatuur van het gespoten oppervlak (substraat) [25].

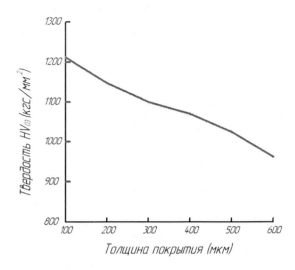

Fig.17. Grafiek van de afhankelijkheid van plasma-gespoten Al2O3 coating hardheid van de dikte van de coating zelf [25].

De resultaten van de bovenstaande studies tonen aan dat de hardheid en de porositeit van de met plasma gespoten Al2O3-coatings omgekeerd evenredig zijn. Alle factoren die leiden tot een toename van de porositeit van de coatings leiden tegelijkertijd tot een afname van de hardheid van deze coatings.

Het is duidelijk dat de in [25, 26] gemeten hardheidswaarden niet als echte hardheidswaarden van het geëvalueerde materiaal kunnen worden beschouwd, omdat de aflezingen van het apparaat worden beïnvloed door de poreusheid van het gemeten object. Tegelijkertijd kan men stellen dat een toename van de porositeit, die voor het overige gelijk is, zal leiden tot een overschatting van de hardheidsmeter bij een bepaalde belasting. Dit laatste wordt verklaard door het feit dat wanneer de porositeit toeneemt, de toegepaste druk gewoon de wanden van dit poreuze materiaal vernietigt (in plaats van duwt) als gevolg van de ontstane tangentiële krachten. Daarom karakteriseren de diagrammen in Fig. 14 en 17 de verandering van de materiële weerstand tegen tangentiële belastingen met toenemende porositeit, en de resulterende hardheidswaarden van het instrument zouden correcter zijn om de schijnbare (in plaats van echte, ware) waarden van de hardheidsverandering te noemen. De werkelijke hardheidswaarden van plasma-gespoten zuiver aluminiumoxide coatingmateriaal zijn alleen afhankelijk van de fasesamenstelling van de coating en de hoeveelheid korund die erin zit. Hoe meer korund in de coating, hoe hoger de werkelijke hardheidswaarde van deze coating.

De technische literatuur bevat geen gegevens over systematische studies van de hardheid in plasma-gespoten monsters van zuiver aluminiumoxide, afhankelijk van de fasesamenstelling van het materiaal van deze monsters. Het huidige werk heeft geprobeerd een dergelijk onderzoek uit te voeren. Hiervoor werden speciale monsters van 30x30x3, mm gespoten op een stalen ondergrond. De hardheidsmetingen werden uitgevoerd volgens de Vickers-methode met behulp van de universele hardheidsmeter "NEMESIS 9001" van INNOVATEST (Nederland). Alle metingen zijn uitgevoerd bij een belasting van 30 kg (HV30). De meetresultaten en de fasesamenstelling van de monsters staan in tabel 7.

Tabel 7 - Hardheidswaarden van plasma-gespoten monsters van Al2O3 - coatings met verschillende set van fase-wijzigingen van aluminiumoxide.

Spuitoptie	Fasesamenstelling, % wt.				Hardheidswaarde, (HV30)
	α-Al2O3	γ-Al2O3	δ- Al2O3	θ - Al2O3	
1	9,6±0,2	55,8±0,4	35,6±0,4	0	294,85
2	12,5±0,1	61,8±0,3	25,7±0,3	0	332,85
3	27	18	55	0	262,27
4	93,5	0	0	6,5	282,93

Zoals te zien is, was de grootste hardheidswaarde de coating met 12,5% van de α-Al2O3-fase. Met een verdere toename van α-Al2O3 in de hardheid van het coatingmateriaal werd de waarde minder. Blijkbaar werd dit ook beïnvloed door de poreusheid van het coatingmateriaal. Uiteraard zijn de Vickers hardheidsmeters (evenals Brinell en Rockwell hardheidsmeters) niet geschikt voor het beoordelen van de hardheid van poreuze coatings en producten zoals Al2O3 coatings en plasmaspuitproducten.

Het verhogen van de hardheid van plasma-gespoten coatings kan worden bereikt door een laserbehandeling van de oppervlaktelagen van deze coatings. Deze behandeling vergemakkelijkt de overgang van alle tussenfasewijzigingen van aluminiumoxide naar korund. De toename van de penetratiediepte van de oppervlaktelaag van de lasercoating leidt tot een toename van de dikte van de korundlaag op het oppervlak van de coating [16, 22].

De praktijk heeft aangetoond dat voor het verkrijgen van vaste Al2O3 - coatings met een hoge kleefkracht aan het gespoten oppervlak (substraat) vereist is dat de eerste fase van het plasmaspuitproces met een actieve toevoer van water naar het gespoten gebied, en vervolgens, na het bereiken van de dikte van de gespoten laag van ongeveer 100 micron, wordt vastgehouden zonder enige koeling van het gespoten oppervlak.

Slijtvastheid van plasma-gespoten coatings van zuiver aluminiumoxide

Plasma-gespoten zuiver aluminiumoxide coatings zijn beter bestand tegen slijtage dan welke metalen coating dan ook. Tegelijkertijd nemen ze onder de keramische coatings een tussenpositie in, inferieur aan borium, nitride en vele carbide coatings, waarvan de slijtvastheid hoger is dan die van aluminiumoxide coatings [7, 33, 38]. De slijtvastheid van plasma-gespoten aluminiumoxide coatings is sterk afhankelijk van de hardheid van deze coatings, die op haar beurt weer afhankelijk is van de fasesamenstelling van de coating. Hoe meer korund de coating zal bevatten, hoe harder en resistenter de coating zal zijn.

De slijtvastheid van plasma-gespoten Al2O3-coatings wordt sterk beïnvloed door de poreusheid. Hoe hoger de poreusheid van het coatingmateriaal, hoe minder slijtagegevoelig het is. Daarom zullen alle maatregelen die het volumegehalte van het korund in de oppervlaktelagen van de coating verhogen en leiden tot een afname van de porositeit van de coating, de slijtvastheid ervan verhogen.

Tegenwoordig worden metaalcoatings op grote schaal gebruikt om de slijtvastheid van machineonderdelen en -mechanismen te verhogen. Bekende metaalcoatings van nikkel- en chroomlegeringen. Door het gebruik van deze coatings kan de slijtvastheid van producten die in contact komen met andere oppervlakken worden vermenigvuldigd. Het gebruik van plasma-gespoten coatings van zuiver aluminiumoxide in plaats van deze coatings zorgt echter voor een nog meer dan verdubbeling van de slijtvastheid van het werkstuk.

Tabel 8 geeft vergelijkende gegevens over de slijtvastheid van onderdelen met metaal- en aluminiumoxide-coatings op nikkelbasis.

Tabel 8 - Vergelijkende gegevens over de slijtvastheid van metalen nikkel-chroom coatings en plasma-gespoten aluminiumoxide coatings.

Type coating	Ongecoate schijf: Cr 13,9%, Mn 0,38%, Ni 0,2%, V 0,1%, Fe- Out.	Schijf met metalen coating: Ni 83,8%, Cr 8,8%, Fe 3,5%, Zn 3,2%, Ti 0,36%, Mo 0,1%, Mn 0,1%	Schijf met metalen coating: Ni 78%, Cr 15,6%, Fe- 5,9%, Ti 0,17%, Mo 0,1%, Zn 0,06%.	Keramische schijf Al2O3 gecoat: α-Al2O3 - 22,0%, γ- Al2O3 - 21,0%, δ- Al2O3 - 57,0%.
Gewichtsverlies op de schijf, gr.	0,0104	0,0017	0,0090	0,0013
Massaverlies op de bal, gr.	0,0015	0,0018	0,0026	0,0045
Wrijvingscoëfficiënt	0,74	0,66	0,63	0,495

De slijtvastheidstesten, waarvan de resultaten in tabel 8 zijn weergegeven, zijn uitgevoerd volgens standaardmethoden met behulp van de "Tribometer"-eenheid van CSM-instrumenten (Zwitserland). Het teststuk was een ongecoate of gecoate schijf. De chemische samenstelling van het materiaal van het onderzochte onderdeel (schijf) kwam overeen met de chemische samenstelling van het tegenlichaamsmateriaal (kogel). De samenstelling van de coatings is weergegeven in tabel 8. De belastingskracht was 5H, de wrijvingsslijtageweg was 1500m.

De resultaten van tabel 8 bevestigen de effectiviteit van keramische plasma-gespoten Al2O3-coatings.

Plasmagespoten coatings van zuiver aluminiumoxide met een hoog korundgehalte als onderdeel van de coating werken goed in contact met oppervlakken met vergelijkbare hardheidswaarden als de hardheid van de coating zelf (oppervlakken van mixerbladen, spantrommeloppervlakken, draadrolrollen, staalkabels, metalen banden, straalpijpen van straal- of waterstraalinstallaties, delen van afsluitkleppen voor gasleidingen, etc.).

Corrosiebestendigheid van plasmagespoten coatings van zuiver aluminiumoxide

De corrosiebestendigheid van plasma-gespoten coatings van zuiver aluminiumoxide is afhankelijk van hun fasesamenstelling. Hoe groter de α-modificatie van aluminiumoxide (korund) in het coatingmateriaal, hoe hoger de corrosiebestendigheid van deze coating. Het is vooral belangrijk dat de oppervlaktelaag van de coating zoveel mogelijk korund bevat. Dit kan worden bereikt door de oppervlaktebehandeling met een lasercoating. Deze behandeling zet bijna alle aluminiumoxide van de oppervlaktelaag om in korund [17, 18, 22].

Een andere belangrijke factor die de corrosiebestendigheid van plasma-gespoten aluminiumoxide-coatings beïnvloedt, is de poreusheid van deze coatings. Hoe hoger de porositeit van de coating, hoe lager de corrosiebestendigheid. Een effectieve manier om de oppervlakteporositeit van plasma-gespoten aluminiumoxide coatings te elimineren is laserbehandeling van het coatingoppervlak of behandeling van het coatingoppervlak met stoffen die in staat zijn de poriën te sluiten (blokkeren) [27, 28].

Dichte (niet-poreuze) coating met een hoog korundgehalte in de oppervlaktelaag heeft een hoge chemische bestendigheid tegen water en waterdamp, alkaliën, peroxiden, carbonaten en zoutzuur. Bij een temperatuur tot 1000 ° C is een dergelijke coating bestand tegen zwavel, fosfor, arseen en hun verbindingen, tot 1800 ° C - tot koolstof, koolmonoxide, koolwaterstoffen, waterstof, tot 1100 ° C - tot gesmolten lood, bismut en hun legeringen. Bestraling met een dosis van 2-1020 neutronen/cm2-sec leidt niet tot vernietiging van de coating, verandering van de warmtegeleiding en mechanische eigenschappen [11, 12]. Fig. 18, overgenomen uit [27], toont een diagram dat de effectiviteit van het bovenstaande illustreert.

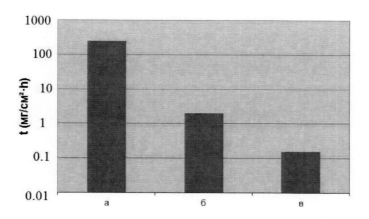

Fig. 18: Corrosiesnelheid (snelheid) in 5% HCl oplossing van Q235 staal zonder plasmagespoten Al2O3 coating (a), met Al2O3 coating met onbedekte poriën (b), met Al2O3 coating met gesloten poriën (c) [27].

Creatie van composiet coatings op basis van Al2O3.

De poreusheid van Al2O3-coatings schept de voorwaarden voor het opwaarderen van deze coatings door ze te impregneren met verschillende stoffen. Het capillaire effect dat optreedt wanneer poreuze Al2O3-coatings in contact komen met vloeistoffen, bevordert de penetratie van deze vloeistoffen in de diepte van de coating. Dit proces wordt sterk vergemakkelijkt als de vloeistof een lage viscositeit heeft en het coatingmateriaal goed nat wordt. Als de vloeistof die in de poriën van de coating doordringt, na enige tijd of bij temperatuurswisselingen kan uitharden of polymeriseren, krijgt de coating nieuwe fysische, technologische en operationele eigenschappen. Door het impregneren van Al2O3-coatings met harsen, polymeren, hydrofobe vloeistoffen, metalen is het mogelijk om een dekkende extra anticorrosieve, antifrictie, diëlektrische, mechanische, katalytische, getter, radioabsorberende, magnetische en andere bijzondere fysische eigenschappen te geven. Vandaag de dag worden dergelijke coatings steeds vaker gebruikt in een grote verscheidenheid aan technische, medische, metallurgische, petrochemische, nucleaire en andere industrieën.

PRODUCTEN VAN ZUIVER ALUMINIUMOXIDE MET PLASMASPRAY

Het gebruik van plasmaspuiten voor de vervaardiging van producten van zuiver aluminiumoxide maakt het mogelijk deze producten te produceren zonder gebruik te maken van bindmiddelen. Daarom leidt het gebruik van dergelijke producten als recipiënten of werkcontainers voor metaalsmelten en diverse functionele vloeistoffen niet tot verontreiniging van deze smeltingen en vloeistoffen met vreemde stoffen die hun fysieke en operationele kenmerken kunnen beïnvloeden. Bovendien hebben plasma-gespoten producten van zuiver aluminiumoxiden een hoge brandwerendheid, maatvastheid, bestendigheid tegen vele agressieve media en zijn goed bestand tegen straling. Dankzij deze kwaliteiten worden plasmaspuitproducten van zuiver aluminiumoxide steeds vaker gebruikt in de meest uiteenlopende gebieden van wetenschap, technologie, industrie, geneeskunde en biologie.

Producten gemaakt van zuiver aluminiumoxide, gemaakt door middel van plasmaspuiten in de meeste gevallen zijn lichamen van rotatie. Het uiterlijk van dergelijke producten is te zien in Fig. 19.

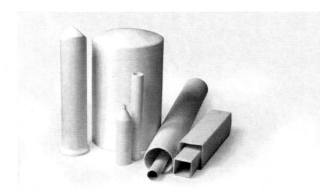

Afb. 19: Producten van zuiver aluminiumoxide door middel van plasmaspuiten.

Fabricagetechnologie van plasma-gespoten producten uit zuiver aluminiumoxide

De technologie van de productie van producten verschilt van de technologie van de coating van zuiver aluminiumoxide. De verschillen zijn vooral dat de producten worden gespoten op een speciaal geprepareerde roterende doorn in de vorm van een toekomstig product. Het materiaal van de doorn is in de meeste gevallen medium koolstofstaal met een koolstofgehalte van 0,45 gewichtsprocent, maar in sommige gevallen kan de doorn gemaakt worden van andere materialen (grafiet, glas, vaste wateroplosbare stoffen). Het uiterlijk van een stalen doorn voor de productie van vuurvaste containers voor het kweken van metalen monokristallen is te zien in Fig. 20.

Afb. 20 Het uiterlijk van stalen frames voor de vervaardiging van producten door middel van plasmaspuiten.

Voor het begin van het spuitproces worden alle opspuiters gehard tot een hardheid van minimaal 45-50 HRC en geslepen. Vervolgens wordt de doorn verwarmd tot een temperatuur van 300-500°C en wordt het oppervlak van de doorn voorzien van een laagje wateroplosbare stof. Voordat het spuitproces begint, moet de in water oplosbare stof volledig uitharden (kristalliseren) op het oppervlak van de doorn.

Voordat het spuiten begint, wordt de oppervlaktetemperatuur van de doorn op de gewenste waarden gebracht. Spuitmodi voor elk specifiek producttype worden experimenteel geselecteerd. Na afloop van het spuitproces wordt de doorn in stromend water geplaatst, samen met de daarop gespoten aluminiumoxidelaag. Na volledige ontbinding van de in water oplosbare stof die op de doorn is aangebracht, wordt het product uit de doorn verwijderd. Het ruwe gespoten product gaat door een fase van natuurlijke luchtdroging, waarna het een thermische behandeling ondergaat.

De thermische behandeling van de met plasma besproeide producten wordt uitgevoerd in weerstandsovens in de lucht. De wijze van warmtebehandeling is afhankelijk van het beoogde gebruik van de fabrikant van het product. De temperatuur van de warmtebehandeling en de snelheid van de verandering worden automatisch aangepast volgens een vooraf ingesteld programma.

In de huidige werkzaamheden voor de vervaardiging van plasma-gespoten vuurvaste keramische producten gebruikt eenheid UPN-350 (Rusland). De plasmaputtermodi waren als volgt: de waarde van de plasmatronboogstroom was 125-130 A, spanning - 200-210 V, de druk van het plasmavormende gas (lucht) - 0,5 MPa, sputterafstand - 200 mm, sputtercapaciteit (het debiet van het poeder Al2O3) - 5-6 kg / h, de snelheid van de rotatie van de doorn - 200 rpm, de snelheid van de plasmatronbeweging ten opzichte van het gesputterde oppervlak - 20 mm / s. Als materiaal voor het plasmaspuiten gebruikten we wit elektrocorund van 25 A kwaliteit volgens GOST R 52381-2005 in de vorm van een poeder met een gemiddelde korrelgrootte van 32 micron, hetzelfde als dat wat gebruikt wordt bij het plasmaspuiten van coatings. De hulpstoffen die deel uitmaken van het elektrocorund, % wt.: Pb - 0,24; Cu - 0,15; Zn - 0,05; Fe - 0,3; Zr - 0,24. Het materiaal van de doorn was staal met een koolstofgehalte van 0,45 gewichtsprocent. De gebruikte doornen waren cilinders met een diameter van 9,19,21 mm en een lengte van 200 mm. Het oppervlak van de doorn werd gehard tot een hardheid van 50 HRC, geslepen, vervolgens verwarmd tot 350 ° C, waarna het oppervlak van de doorn werd aangebracht een laag in water oplosbare stof, zoals die werd gebruikt keukenzout. Voordat het spuiten begon, was het oppervlak van de doorn op kamertemperatuur. Het plasmavormende gas was perslucht. Het plasmaspuitproces werd uitgevoerd zonder enige koeling van het gespoten oppervlak. De gemiddelde wanddikte van het product was 1,5 mm. Alle plasmaspuitproducten werden in een kameroven van het weerstandsmerk LH 30/13 van de firma "Nabertherm" (Duitsland) warmtebehandeld. De temperatuur-tijdmodus van de warmtebehandeling werd ingesteld en gehandhaafd door middel van een speciaal programmeerbaar apparaat in de oven.

Effect van de thermische behandeling op de fasesamenstelling van het met plasma besproeide product van zuiver aluminiumoxide.

Onmiddellijk na voltooiing van het plasmaspuitproces was de fasesamenstelling van zuivere aluminiumoxideproducten als volgt: α-Al2O3 was ongeveer 10%, γ-Al2O3 was ongeveer 59%, δ-Al2O3 was ongeveer 31% van de massa. Verder werden de producten in 4 modi warmtebehandeld. De temperatuur van de thermische verwerking van de producten is bij variant 1 800°C (mode 1), bij variant 2 - 950°C (mode 2), bij variant 3 - 1100°C (mode 3), bij variant 4 - 1250°C (mode 4). De sluitertijd bij de ingestelde temperatuur was in alle gevallen 1 uur. Na elke variant van de warmtebehandeling met behulp van de röntgendiffractometer "D8 Advance" van Bruker AXS (Duitsland) werd de fasesamenstelling van het productmateriaal bepaald. De metingen zijn uitgevoerd in de röntgenstraling van SoCα. De resultaten zijn weergegeven in tabel 9.

Tabel 9. - De resultaten van het meten van de fasesamenstelling van het materiaal van de onderzochte plasmaspuitproducten na hun thermische behandeling door een van de bovengenoemde varianten (modi).

Warmtebehandelingsmodus		Geen warmtebehandeling	Modus 1 (1 uur bij 800°C)	Modus 2 (1 uur bij 950°C)	Modus 3 (1 uur bij 1100°C)	Modus 4 (1 uur bij 1250°C)
Fasesamenstelling, % wt.	α-Al2O3	9,8	11,8	12,1	17	100
	γ-Al2O3	58,9	50,2	33,9	0	0
	δ-Al2O3	31,3	~38	~54	~83	0

Tabel 9 laat zien dat de warmtebehandeling leidt tot een verandering in de fasesamenstelling van het materiaal van plasma-gespoten producten van zuiver aluminiumoxide. Onmiddellijk na de voltooiing van het plasmaspuitproces is de fasesamenstelling van het materiaal een reeks wijzigingen van aluminiumoxide, waarvan het hoofdvolume op γ- Al2O3 valt. Bij de volgende thermische verwerking van producten op de modi 1-4 neemt de inhoud van de modificatie γ-Al2O3 voortdurend af en na verwerking op een modus 3 wordt de hoeveelheid gelijk aan nul. De inhoud van de δ- Al2O3 modificatie daarentegen neemt voortdurend toe en bereikt na behandeling in modus 3 zijn maximum (83% vol.). De inhoud van α-Al2O3 modificatie verandert echter weinig. In het temperatuurbereik van 1100-1250°C neemt de intensiteit van de α-al2O3 modificatie echter sterk toe en na behandeling volgens het regime 4 gaat de δ-al2O3 modificatie volledig over in α-Al2O3.

Volgens [14] in plasma-gespoten monsters van zuiver aluminiumoxide in het temperatuurbereik van 800-1100 ° C wordt een wijziging ε- Al2O3 gevormd, die vervolgens bij 1100 ° C verandert in α-Al2O3 (korund). In het huidige werk is deze fase-aanpassing niet door de auteurs gevonden. Misschien komt dit omdat er niet genoeg informatie is over deze fase om deze op een unieke manier te identificeren. Tegelijkertijd hebben aanvullende studies aangetoond dat wanneer de temperatuur van de warmtebehandeling toeneemt in het bereik 1100-1200 ° C kan bestaan θ-wijziging Al2O3. De inhoud van deze fase is 5-7 % wt. Bij een verdere stijging van de temperatuur tot 1250 °C θ - Al2O3 modificatie verandert in α-Al2O3. De mogelijkheid van het bestaan van deze fase in het materiaal van plasmaspuitproducten van Al2O3 werd genoemd in [11-13].

In het huidige experiment zijn 6 manieren van thermische verwerking van producten vastgesteld: verwarming tot 800°C (mode 1), 900°C (mode 2), 1000°C (mode 3), 1100°C (mode 4), 1200°C (mode 5) en 1300°C (mode 6), met de daaropvolgende uithoudingsvermogen bij elke temperatuur gedurende 1 uur. De fasesamenstelling van het productmateriaal werd bepaald na de voltooiing van de warmtebehandeling voor elk van de bovenstaande modi. De resultaten in de vorm van grafieken zijn weergegeven in Fig. 21.

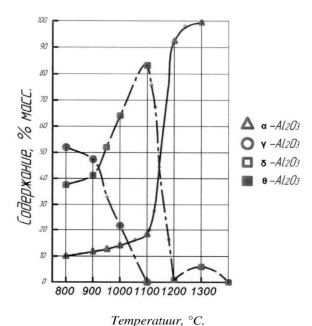

Temperatuur, °C.

Fig.21. Grafieken van de fasesamenstelling verandering van plasma-gespoten materiaal van zuiver aluminiumoxide afhankelijk van de temperatuur van de warmtebehandeling.

Opgemerkt moet worden dat de modificatie θ- Al2O3 niet altijd kan worden gedetecteerd door röntgenanalyses in producten die met een plasmaspray zijn besproeid.

Poreusheid van plasmagespoten producten van zuiver aluminiumoxide

Plasmaspuitproducten van zuiver aluminiumoxide zijn poreus. De aanwezigheid van porositeit geeft het gespoten materiaal nieuwe kwaliteiten en het product zelf nieuwe toepassingsgebieden. Zo kunnen bijvoorbeeld poreuze plasmagespoten aluminiumoxideproducten worden gebruikt als vloeistof- en gasfilters. De porositeit beïnvloedt de fysieke eigenschappen van het productmateriaal. De verandering in porositeit van het productmateriaal leidt onvermijdelijk tot veranderingen in de warmtegeleiding en de gasdoorlaatbaarheid, wat ook een extra aantal praktische toepassingen in de techniek, de geneeskunde en de metallurgie met zich meebrengt

43

[5-7]. In het huidige werk is de mogelijkheid onderzocht om de porositeit in producten van zuiver aluminiumoxide te reguleren door middel van plasmaspuiten.

Onderzoeken werden besteed aan speciaal gemaakte monsters in de maten 100x100x2 mm. Alle monsters zijn uit dezelfde 2 mm dikke plasmaspuitplaat gesneden. Als materiaal voor het sputteren gebruikte witte electrocorundum merk 25 A in de vorm van poeder met een gemiddelde deeltjesgrootte van 32 micron. De sproeimodi waren in alle gevallen hetzelfde en kwamen overeen met de bovenstaande parameters. Het plasmavormende gas was perslucht. De temperatuur van het substraat was 20±1C. De onderzochte monsters werden thermisch behandeld in een kamerweerstandoven van het merk LH 30/13 van Nabertherm (Duitsland). De temperatuur van de warmtebehandeling was 800 °C (modus 1), 950 °C (modus 2), 1100 °C (modus 3) en 1250 °C (modus 4). De sluitertijd bij de ingestelde temperatuur was in alle gevallen 1 uur.

6. Fasesamenstellingen van materialen van onderzochte monsters zonder thermische verwerking en na elke modus van thermische verwerking worden in een tabblad weergegeven.

De porositeit van de geteste monsters werd na elke warmtebehandeling gemeten door middel van röntgencomputertomografie met behulp van de "NANOMEX"-eenheid (Duitsland), gevolgd door de gegevensverwerking in Volume Graphics VG Studio MAX 3.2. De porositeit werd ook gemeten bij monsters die geen warmtebehandeling hadden ondergaan, d.w.z. die zich in een structurele toestand bevonden die typisch was voor die tijd direct na het sproeien. Afb.22 toont een röntgentomografisch beeld van het productmateriaal dat met het plasma wordt besproeid. De door het programma geselecteerde porositeit in deze afbeelding kan worden gezien als kleine witte puntjes en fragmenten.

Figuur 22: Röntgentomografie van een plasma-gesproeid monster van zuiver aluminiumoxide.

Het onderzoek naar het uiterlijk en de configuratie van de poriën voor en na de thermische behandeling van de met plasma besproeide producten werd uitgevoerd met de methode van de elektronenmicroscopie met behulp van "Tescan Vega 3 SBN" (Tsjechische Republiek) op metallografische slijpsels en breuken van deze producten.

De resultaten van de meting van de poreusheid van het materiaal van de onderzochte plasma-gespoten monsters (producten) voor en na thermische verwerking op de modi 1-4, door middel van een methode van computertomografie, worden weergegeven in een tabblad. 10. De resultaten van de meting van de poreusheid van het materiaal van de onderzochte plasma-gespoten monsters (producten) voor en na thermische verwerking op de modi 1-4, door middel van een methode van computertomografie, worden weergegeven in een tabblad.

Tabel 10. - Resultaten van het meten van de porositeit van het materiaal van de bestudeerde plasmamonsters.

Warmtebehandelingsmodi	Geen warmtebehandeling	Modus 1 (1 uur op 800 °C)	Modus 2 (1 uur bij 950°C)	Modus 3 (1 uur bij 1100°C)	Modus 4 (1 uur bij 1250°C)
Porositeit, % oh.	18,9	12,5	14,7	9,1	15

Uit tabel 10 blijkt dat de maximale porositeit van de met plasma besproeide producten (monsters) niet warmtebehandeld wordt. Thermische behandeling leidt niet tot een monotone vermindering van de materiaalporositeit van de met plasma besproeide producten (monsters). Zo wordt bij het uitvoeren van een warmtebehandeling in modus 1 (sluitertijd 1 uur bij 800°C) de porositeit gereduceerd van 18,9% tot 12,5%. Wanneer de temperatuur van de warmtebehandeling echter stijgt tot 950°C (modus 2), neemt de porositeit weer toe tot 14,7%. Een verdere verhoging van de warmtebehandelingstemperatuur tot 1100°C (modus 3) leidt weer tot een afname van de porositeit tot 9,1%, maar bij een warmtebehandeling bij 1250°C (modus 4) neemt de porositeit weer toe tot bijna 15% (14,96%).

Dit karakter van verandering in de porositeit van onderzochte plasma-gespoten monsters bij verhoging van de temperatuur van hun thermische verwerking kan niet alleen worden verklaard door het optreden van sinterprocessen. Hiervoor is het noodzakelijk de kenmerken van de verandering van de fasesamenstelling van het materiaal van deze monsters bij hun verhitting in overweging te nemen en in de discussie te betrekken.

Zoals veel onderzoekers opmerken, ondergaan aluminiumoxiden bij verhitting polymorfe transformaties, die gepaard gaan met volumeveranderingen [13, 29-32]. Dergelijke transformaties zullen noodzakelijkerwijs invloed hebben op de porositeit van producten gemaakt van deze aluminiumoxiden. De volgorde en de temperaturen van de polymorfe transformaties zijn weergegeven in Fig. 4, 5.

Uit tabel 1 kunnen we zien dat α- modificatie van zuiver aluminiumoxide (korund) een HPC rooster heeft en een dichtheid van 4 g/cm3, γ - modificatie van zuiver aluminiumoxide heeft een HPC rooster en een dichtheid van 3,6 g/cm3, en δ modificatie van zuiver aluminiumoxide Al2O3 heeft een nog losser rooster met een dichtheid van 2,4 g/cm3 [7,11-13,35]. Daarom dient de faseovergang van γ-Al2O3 naar δ - Al2O3 gepaard te gaan met volumetoename en overeenkomstige afname van de porositeit van het productmateriaal, en dienen overgangen van γ-Al2O3 naar α-Al2O3 en bovendien δ - Al2O3 naar α-Al2O3 daarentegen gepaard te gaan met een sterke volumetrische afname en toename van de porositeit van het productmateriaal.

Tabel 7 toont gegevens over veranderingen in de fasesamenstelling van plasma-gespoten monsters (producten) van zuiver aluminiumoxide bij verhitting van kamertemperatuur tot 1250 °C in de modi 1-4, die samenvallen met de modi 1-4 in tabel 8. Bij vergelijking van de gegevens van tabel 7 en tabel 8 kunnen we een duidelijk verband vaststellen tussen de poreusheid van de met plasma besproeide producten en de polymorfe transformaties die bij stijgende temperaturen in het materiaal van deze producten optreden. Voor een betere zichtbaarheid van het bestaan van deze relatie zijn de gegevens in de tabellen 7 en 8 grafisch weergegeven (figuur 23).

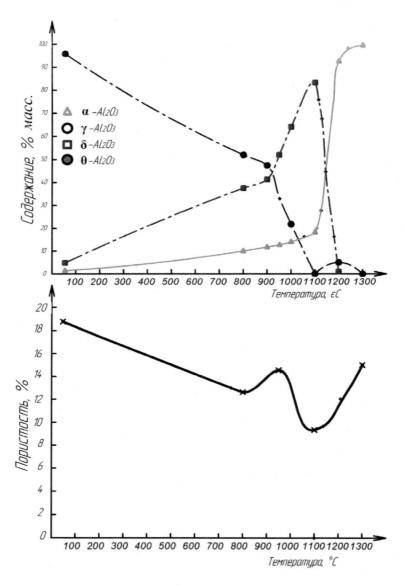

Afb.23. Grafieken van verandering van porositeit en fasesamenstelling van materiaal van plasma-gespoten producten van zuiver aluminiumoxide bij hun warmtebehandeling op modi 1-4 (Tabellen 7 en 8).

48

Vanaf Fig.23 is zichtbaar, dat verandering van de inhoud (toename of afname) α, γ en δ-wijzigingen van Al2O3 bij toename van de temperatuur van de verwarming van een product met verschillende intensiteit optreedt. De verandering in de verhouding tussen de hoeveelheden van deze fasewijzigingen en de volumes die ze in het productmateriaal innemen, zal een overeenkomstige verandering in de porositeit van het productmateriaal veroorzaken.

De toename en afname van verschillende modificaties van aluminiumoxide die met verschillende intensiteit, vergezeld van zowel toename (in het geval van δ-Al2O3 toename) en afname (in het geval van α-Al2O3 toename) van het volume, blijkbaar, is de belangrijkste reden van de niet-monotone karakter van de verandering van de porositeit van de plasma-gespoten producten van zuiver aluminiumoxide.

De figuren 24 en 25 tonen beelden van het uiterlijk en de configuratie van de poriën op de slijpsels en breuken van de onderzochte monsters, gemaakt met de methode van de rasterelektronenmicroscopie.

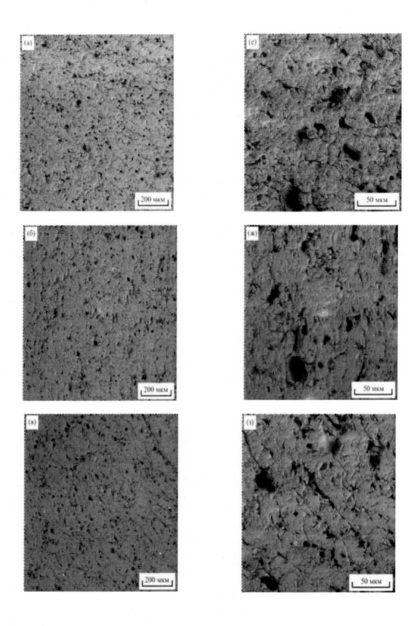

Afb.24. Poriebeeld op plasma-gespoten slijpen van zuiver aluminiumoxide: monster zonder warmtebehandeling (a, f) en monsters na warmtebehandeling - 1 uur blootstelling bij 800 °C (b, g), 950 °C (en, h), 1100 °C (d, i), 1250   °C (e, k).

Afb.25. Afbeelding van poriën op de breuken van plasma-gespoten producten gemaakt van zuiver aluminiumoxide: een monster zonder warmtebehandeling (a, f) en monsters na warmtebehandeling - 1 uur blootstelling bij 800 ° C (b, g), 950 ° C (en, h), 1100 ° C (d, i), 1250 ° C (e, k).

De figuren 24 en 25 laten zien dat polymorfe transformaties geen invloed hebben op het uiterlijk en de poriënconfiguratie in het materiaal van plasmaspuitproducten. In alle gevallen zijn poriën twee soorten holtes - compacte holtes in de vorm van onregelmatig gevormde uitsparingen en langgerekte holtes in de vorm van scheuren. De poriëngrootte kan variëren en is weinig afhankelijk van de warmtebehandelingsmodus van het gespoten plasmaproduct. De toename of afname van de porositeit van dit product, na een of andere warmtebehandeling, komt vooral tot uiting in de toename of afname van het aantal poriën, niet in de grootte ervan. Opgemerkt moet worden dat de toename van de porositeit wanneer de temperatuur van de warmtebehandeling stijgt, vooral te wijten is aan een toename van het aantal langwerpige poriën.

Onderzoek heeft aangetoond dat de geopenbaarde wetten van verandering van porositeit in plasma-gespoten producten van zuiver aluminiumoxide bij verhoging van de temperatuur van de verwarming gestaag worden herhaald. Dit maakt het mogelijk om de porositeit van dergelijke producten te reguleren door middel van een warmtebehandeling.

Gelijktijdig met polymorfe transformaties bij verhitting van plasma-gespoten producten uit zuiver aluminiumoxide is er een proces van sinteren van een productmateriaal dat gepaard gaat met volumedaling. Volgens [13] kan bij overgang $\gamma \rightarrow \alpha\text{-Al2O3}$ deze volumedaling 14-18% zijn. Volumeveranderingen door sinterprocessen en fasetransformaties (polymorfe) treden tegelijkertijd op en overlappen elkaar. Zo is er bij het verhitten van een plasma-gespoten product van zuiver aluminiumoxide een complex proces van volumeverandering van het productmateriaal en als gevolg daarvan een niet-monotone verandering in de porositeit van het materiaal van dit product.

Wetten van verandering van de poreusheid van plasma-gespoten producten gemaakt van zuiver aluminiumoxide, afhankelijk van de technologische factoren van het sputterproces (van sputter afstand, wanddikte van het gespoten product, doorn oppervlak verwarmingstemperatuur, Ruwheidsgraden van het gespoten oppervlak van de doorn, van de rotatiesnelheid van de doorn, van de bewegingssnelheid van plasmatron ten opzichte van het oppervlak van de doorn, van de stroomwaarde en de spanning van de elektrische boog van plasmatron) zijn dezelfde als voor plasma-gespoten coatings van hun zuiver aluminiumoxide:

- Net als bij coatings wordt de kleinste porositeit van de producten gegarandeerd op een spuitafstand van 120 mm;

- Hoe kleiner de wanddikte van het gespoten product, hoe minder poreus het materiaal van dit product zal zijn;

- Op de wanddikte van het met plasma besproeide product wordt de porositeit ongelijkmatig verdeeld. De minimale porositeit van het productmateriaal zit in de lagen die aan het oppervlak van de doorn liggen. De poreusheid van het plasmaspuitmateriaal neemt toe naarmate het van het doornvlak wordt verwijderd.

- De porositeitswaarden van het met plasma besproeide productmateriaal zullen lager zijn naarmate de temperatuur van de doorn vóór het spuiten hoger is en de oppervlakteruwheid van de doorn lager.

- Het verhogen van de materiaaldichtheid van plasmaspuitproducten zal ook worden vergemakkelijkt door het verhogen van de elektrische spanning en de boogstroom van de plasmatron.

De parameters van het sputterproces zoals de druk van het plasma-vormende gas, de snelheid van het sputterende materiaal toevoer naar het sputterende oppervlak, de sputterende materiaalstroom, de rotatiesnelheid van de doorn, de snelheid van de beweging van het plasmapistool langs het sputterende oppervlak hebben geen significante invloed op de poreusheid van het plasma-sputterende materiaal van zuiver aluminiumoxide. Optimalisatie van deze parameters wordt niet uitgevoerd op de poreusheid, maar op de duurzaamheid van een materiaal van het gespoten product na het sputteren en op de nauwkeurigheid van de reproductie van de setgeometrie van een product, op het uiterlijk ervan.

Plasmaspuitgietproducten van zuiver aluminiumoxide met een getterbekleding

Plasmaspuitproducten van zuiver aluminiumoxide worden op grote schaal gebruikt in de productietechnologie van enkelkristallen permanente magneten als vuurvaste vormen (containers) voor de groei van enkelvoudige kristallen [1-4]. Het vormmateriaal mag niet in wisselwerking staan met de metaalsmelt, dus de matrijs wordt uitsluitend vervaardigd uit zuiver aluminiumoxide zonder bindmiddelen.

Voor de productie van enkelkristallen permanente magneten worden magnetische harde legeringen van Fe-Co-Ni-Cu-Al-Ti systeem gebruikt. De meest schadelijke onzuiverheden voor deze legeringen zijn koolstof en stikstof. Het koolstofgehalte van de legering mag niet meer dan 0,05% zijn, stikstof niet meer dan 0,002% (hierna te noemen massa.%) [1]. Een van de bronnen van deze onzuiverheden in de legering is de atmosfeer van de enkele kristalgroeikamer. De onzuiverheden komen via de poreuze wanden van de vuurvaste vorm in de smelt terecht. Om koolstof en stikstof in de kristallisatiesmelt op het buitenoppervlak van vuurvaste keramische vorm te elimineren, stelden de auteurs van dit werk voor om gettere stoffen toe te passen die in staat zijn deze onzuiverheden te absorberen en ze te binden aan stabiele chemische verbindingen [4].

Om de effectiviteit van deze technische oplossing te verifiëren door de plasma-spuitmethode, werden dunwandige vuurvaste mallen-bakken met een binnendiameter van 21 mm en een wanddikte van 1 mm gefabriceerd voor enkele kristalgroei. Na de thermische behandeling bestond de fasesamenstelling van de mallen volledig uit α-Al2O3 (korund). De porositeit van het vormmateriaal was ongeveer 15% vol. Getter werd ook toegepast op het buitenoppervlak van vuurvaste vormverpakkingen door middel van plasmaspuiten. Het materiaal van de slobkous was titanium in de vorm van een draad met een diameter van 2 mm. Het plasmavormende gas bij het spuiten van de gaetter was lucht en argon van technische zuiverheid. De dikte van de getterbekleding varieerde van 100 tot 350 micron. De verkregen vormen-containers met titanium ghetter coating werden gebruikt om enkele kristallen van de legering van de samenstelling Co 35,3%, Ni 14,2%, Cu 3,5%, Al 7,2%, Ti 5,4%, Fe - de rest. Monokristallen werden gekweekt met de Crystallizer-203M plant (Rusland) in de atmosfeer van technisch argon met behulp van de Bridgman methode. Het naaien van blanks voor het kweken van enkelvoudige kristallen werd vooraf gesmolten.

De controle van de fasesamenstelling van vuurvaste materialen en getters werd uitgevoerd door kwantitatieve faseanalyse met behulp van röntgendiffractometer "D8 Advance" ("Bruker AXS", Duitsland) en gegevensverwerkingsprogramma TOPAS. De chemische samenstelling van de bestudeerde legering werd bepaald op de etalonvrije röntgenfluorescentiespectrometer "ARL Advant`X" ("Thermo Scientific", USA), het koolstof- en stikstofgehalte in de legering werd bepaald op de analyzers ELTRA CS-800 (Duitsland) en LEKO TC-600 (USA). Metallografische analyse werd uitgevoerd met behulp van een scanelektronenmicroscoop "Zeiss Supra 40VP" ("Carl Zeiss Group", Duitsland).

Het verschijnen van de vormverpakkingen na de warmtebehandeling is te zien in Fig. 26.

Afb.26. Verschijning van vormverpakkingen na de warmtebehandelingsoperatie.

Zoals u kunt zien, zijn dit witgoed. De mallen hebben een vrij hoge gasdoorlaatbaarheid. Bij het smelten van de ladingsbillet in een vuurvaste vorm-container dringen de rest- en onzuiverheidsgassen uit de atmosfeer van de groeikamer gemakkelijk door de poriën van de vorm in de smelt en maken het moeilijk om de vereiste monokristalstructuur te verkrijgen. Bij het aanbrengen van een göttertische titaancoating op het buitenoppervlak van de mal kunnen gassen (stikstof, zuurstof, koolmonoxide, waterdamp) niet meer doordringen in de smelt door de poreuze wanden van de mal. Getter coating materiaal (titanium) bindt ze tot stabiele chemische verbindingen (nitriden, carbiden, oxiden). De coating is gelijkmatig verdeeld over het buitenoppervlak van de matrijs, bedekt de poriën van het materiaal en sluit goed aan op het matrijsoppervlak zonder opgeblazenheid of delaminatie. Plasmagespoten korund vormt zich met een gettertitanium coating en een rasterafbeelding van deze coating is te zien in Afb. 27.

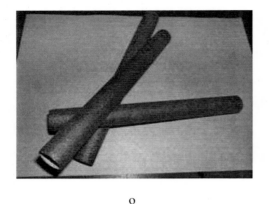

o   ké!

Afb.27. Plasmagespoten korund vormt een bakje met een glasheldere titanium
coating (a) en een bitmap afbeelding van deze coating bij een vergroting van 100x
(b).

Studies hebben aangetoond dat bij gebruik van vuurvaste vormen met een
ghetterische titaancoating, het proces van enkelvoudige kristalgroei ongevoelig wordt
voor de aanwezigheid van reststikstof, gasvormige koolstofverbindingen en
waterdamp in de atmosfeer van de groeikamer. Het is bekend dat deze gassen altijd in
technisch argon zitten. Auteurs van het gegeven werk hebben vastgesteld dat voor
volledige eliminatie van de invloed van de externe atmosfeer op de chemische
samenstelling en de perfectie van de structuur van de gegroeide monokristallen
preparaten dikte van een getterische titaanbedekking op een oppervlak van de
vuurvaste vorm moet 300-350 micron te maken. Het gebruik van dergelijke vormen
in de monokristallijne groeitechniek en andere metallurgische processen maakt het
gebruik van inert gas van technische zuiverheid mogelijk zonder extra reiniging.
Speciaal geleverde experimenten hebben aangetoond, dat bij de teelt van enkele
kristallen van magnetische legeringen van het systeem Fe-Co-Ni-Cu-Al-Ti in
vuurvaste vormen met een titanische getter dekking van extra verzadiging van de
legering door koolstof en stikstof niet voorkomt. Het stikstofgehalte van de
magnetohardlegering is na het groeiproces nog iets lager dan voorheen. Zo is de
bestudeerde magnetohardlegering (Co 35,3%, Ni 14,2%, Cu 3,5%, Al 7,2%, Ti 5,4%,
Fe rest) voor het groeien in vormen met titanium coating bevatte 0,0019% stikstof en
0,035% koolstof, en na het proces van het groeien 0,0018% stikstof en 0,033%
koolstof. Er waren geen sporen van oxidatie op het oppervlak van het in deze vorm
gekweekte monokristal. Dezelfde gettere titanium coating na de voltooiing van het

monokristallijne groeiproces had ofwel een donkere kleur (als er gasvormige koolstofverbindingen in de groeikamer waren), of een gouden kleur (in de aanwezigheid van voornamelijk stikstof), of een blauwachtige lila kleur (in de aanwezigheid van waterdamp). Kwantitatieve fase-analyse toonde aan dat na de voltooiing van de enkelvoudige kristal-groeicyclus het titaankweekmateriaal aanzienlijke hoeveelheden titaanoxiden, carbiden en nitriden bevatte (zie tabel 11).

Tabel 11. - Fasesamenstelling van titanium coating van vuurvaste korund vorm voor en na het proces van enkele kristalgroei in de installatie "Crystallizer-203M".

Titanium coating status	Fasegehalte, massa %		
	TiO2	TiC	TiN
Voordat we beginnen te groeien	11,8	-	1,3
Na de groei...	16,5	13,8	1,8

Vuurvaste keramische producten van zuiver aluminiumoxide met een gettertitanium coating, verkregen door plasmaspuiten, kunnen worden gebruikt in een breed scala van producten voor speciale elektrometallurgie en in de chemische industrie.

Over de mogelijkheid om afvalkorundpoeder te gebruiken voor plasmaspuittoepassingen

Een belangrijke taak van elke productie is het verlagen van de kosten van de grondstoffen en het verhogen van de gebruikscoëfficiënten ervan. Een van de manieren om dit probleem op te lossen is het hergebruik van eigen productieafval. Het maakt het niet alleen mogelijk om de productiekosten te verlagen, maar ook om de ecologische zuiverheid van de productie te verhogen.

Bij de vervaardiging van keramische producten uit zuiver aluminiumoxide door middel van plasmaspuiten gaat ongeveer 40 % van het oorspronkelijke poeder voor het spuiten verloren.

Het grootste deel van dit afval bestaat uit aluminiumoxidedeeltjes die in plasma zijn versmolten, maar het gespoten substraat niet aantasten. De technische literatuur geeft geen betrouwbare informatie over de deeltjesgrootte en fasesamenstelling van deze afvalstoffen, noch over de aanwezigheid van vreemde schadelijke onzuiverheden in deze afvalstoffen. Dit alles maakt het onmogelijk om het bestaande poederafval direct te gebruiken zonder enige voorbereiding in de plasmaspuittechnologie.

In het gegeven werk werd de mogelijkheid van hergebruik van gebruikt aluminiumoxide poeder in technologieën voor het tekenen van verschillende functionele coatings en de productie van keramische producten door middel van een methode van plasma sputteren onderzocht.

Metallografische studies hebben uitgewezen dat het gebruikte aluminiumoxide poeder heel anders is dan het originele, waarvan het uiterlijk in Fig. 3 is weergegeven. Het is een set van verschillende vormen en maten van deeltjes, evenals vormloze formaties (conglomeraten) van verschillende gespikkelde deeltjes. Het grootste deel van het afval bestaat uit onafhankelijke deeltjes, waarvan de meeste cirkelvormig zijn. Het verschijnen van poederafval na het plasmaspuiten is te zien in Fig. 28.

oké!

Afb.28. Verschijning van aluminiumoxidepoederresidu na plasmaspuiten: a - x 500; b - x 2000. Rasterelektronenmicroscopie.

De korrelgrootteverdeling van het poederafval is niet uniform. Ook de afmetingen van de afzonderlijke deeltjes en conglomeraten lopen sterk uiteen. Om kwantitatieve gegevens te verkrijgen over de deeltjesgrootteverdeling van het gebruikte poeder werd een zeefanalyse uitgevoerd. Ter vergelijking: dezelfde zeefanalyse werd uitgevoerd voor het aanvankelijke aluminiumoxidepoeder dat bedoeld was om te sputteren. De resultaten zijn weergegeven in tabel 12.

Tabel 12. - De resultaten van de studie van de samenstelling van de deeltjesgrootteverdeling van het aanvankelijke poeder van aluminiumoxide bestemd voor plasmaspuiten en poederafval na plasmaspuiten.

Onderzoeksobjecten	Fractiesamenstelling, % wt.			
	<50 µm	50-63 µm	63-100 µm	>100 µm
Poederbron	100	-	-	-
Poederafval plasmaspuiten	74,8	19,8	4,6	0,8

Zoals uit tabel 12 blijkt, bestaat het grootste deel van het afval van het plasmaspuitpoeder (bijna 75%) uit aluminiumoxidedeeltjes die kleiner zijn dan 50 µm.

Deze fractie van het gebruikte poeder met een deeltjesgrootte van minder dan 50 µm werd gebruikt als uitgangsmateriaal voor de productie van vuurvaste vormcontainers door middel van plasmaspuiten. Het bleek echter dat de verkregen producten niet de vereiste brandwerendheid hebben en al bij 1250°C zacht worden en hun vorm verliezen.

Om de oorzaken van dit fenomeen te verduidelijken, werd een analyse van de chemische en fasesamenstelling van het gebruikte poeder uitgevoerd. De EDS-analyse toonde aan dat afval van plasmaspuitpoeder naast aluminiumoxiden ook ijzer bevat (afb. 29).

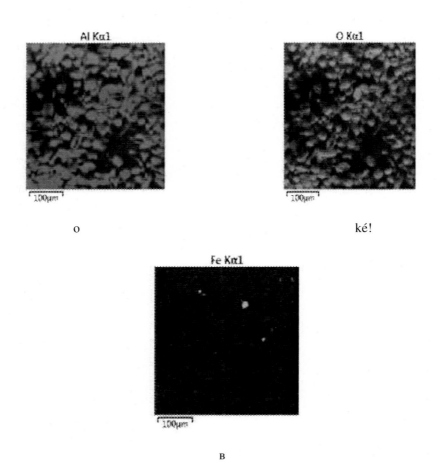

o   ké!

B

Figuur 29: Afbeelding van afval van aluminiumoxidepoeder in de karakteristieke
straling van aluminium (a), zuurstof (b) en ijzer (c). EDS-gegevens.

Röntgenfluorescentieanalyse toonde aan dat de samenstelling van het onderzochte
poederafval ijzer bevat in de hoeveelheid van ongeveer 1% van de massa. Volgens de
röntgenfase-analyse omvat de samenstelling van het poederafval α- en γ-modificaties
van aluminiumoxide, evenals ijzeroxiden in de vorm van Fe_3O_4 en Fe_2O_3 (Fig. 30).

Commander Sample ID (Coupled TwoTheta/Theta)

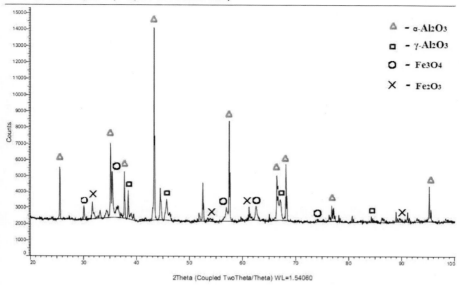

Afb.30. Difractogram van poederafval plasmaspuiten van aluminiumoxide.

De aanwezigheid van ijzeroxiden in het gebruikte aluminiumoxidepoeder is waarschijnlijk te wijten aan de abrasieve werking van snelle aluminiumoxide-deeltjes (korund), die ijzerdeeltjes "verwijderen" van het binnenste werkoppervlak van de cycloon. Omdat het plasmagasoort lucht is, oxideren deze ijzerdeeltjes snel. Zo is het gebruikte poeder na het plasmaspuiten een samenstelling die bestaat uit een mengsel van aluminiumoxiden en ijzeroxiden. Het gebruik van een dergelijke samenstelling als een eerste poeder voor keramische producten door middel van plasmaspuiten leidt tot het feit dat bij verhoogde temperaturen aluminiumoxide begint te interageren met ijzeroxide. Deze interactie resulteert in de vorming van smeltbare verbindingen die de brandwerendheid van het eindproduct verminderen. De mogelijkheid van de vorming van dergelijke smeltbare verbindingen is te zien in het evenwichtsdiagram van de systeemtoestand FeO-Al2O3, weergegeven in Fig. 31.

Om de schadelijke effecten van ijzeroxiden te elimineren, werd het afval van het plasmaspuiten in poedervorm aan een magnetische scheiding onderworpen. Als gevolg van deze scheiding werd een roodbruine magnetische fractie geïsoleerd van het poederafval. De hoeveelheid van deze fractie was meer dan 1% wt. van de totale hoeveelheid uitgegeven poeder dat aan magneetseparatie onderhevig is. De samenstelling van deze fractie volgens de kwantitatieve gegevens van de röntgenfaseanalyse is weergegeven in tabel 11.

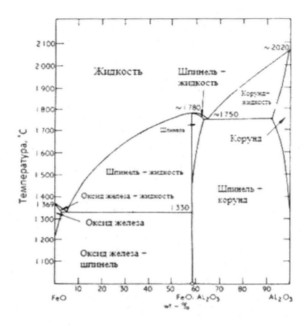

Fig.31. Evenwichtsdiagram van de toestand van het FeO-Al2O3-systeem [35-38].

Tabel 13. - Resultaten van de kwantitatieve röntgenfase-analyse van de magnetische fractie die wordt geëxtraheerd uit het gebruikte aluminiumoxidepoeder.

Huidige fase	Fe2O3	Fe3O4
Hoeveelheid, % massa.	13	87

Zoals uit tabel 13 blijkt, is de basis van de magnetische fractie magnetiet (Fe3O4). Röntgendiffractie van 50 µm gezeefd en onderworpen aan magnetische scheiding van aluminiumoxidepoederafval wordt getoond in de afbeelding. 32.

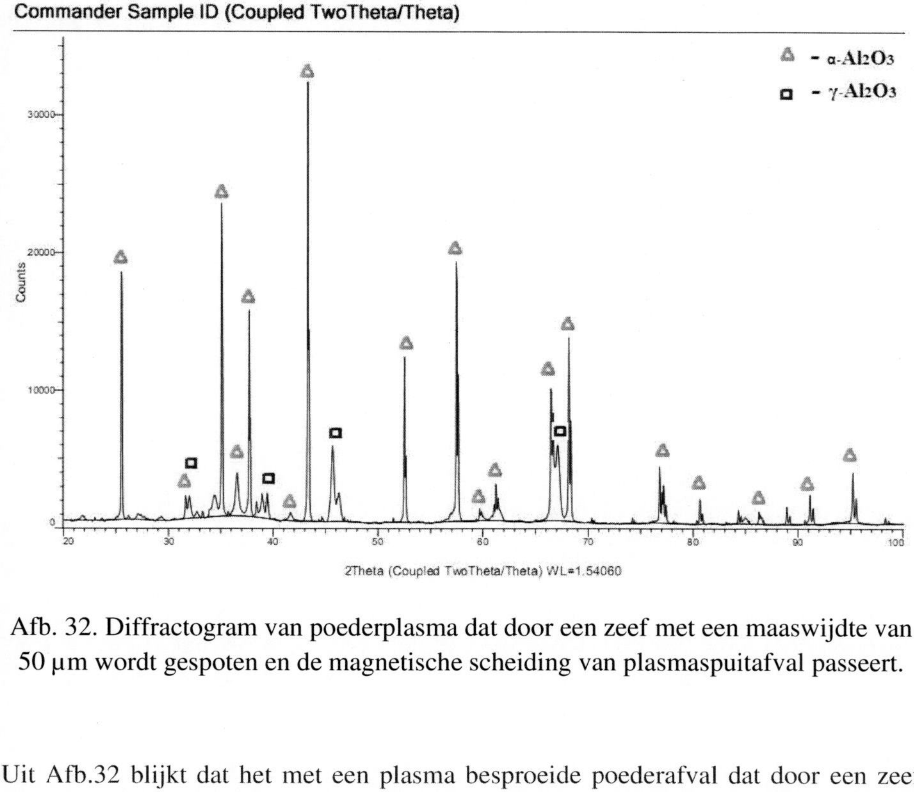

Afb. 32. Diffractogram van poederplasma dat door een zeef met een maaswijdte van 50 µm wordt gespoten en de magnetische scheiding van plasmaspuitafval passeert.

Uit Afb.32 blijkt dat het met een plasma besproeide poederafval dat door een zeef met een maaswijdte van 50 µm wordt gezeefd en aan een magnetische scheiding wordt onderworpen, geen ijzeroxiden bevat. Het grootste deel van het aldus verkregen poedermateriaal is korund.

Dit materiaal werd gebruikt als startpoeder voor het plasmaspuiten van vuurvaste vormverpakkingen. Plasmaspuitmodi en verdere vuurvaste containertechnologie bleven hetzelfde. Tests hebben aangetoond dat de ontvangen producten volledig voldoen aan de eisen die daaraan worden gesteld.

Zo kunnen de gebruikte aluminiumoxidepoeders die bij de vervaardiging van plasmaspuitproducten worden gevormd, na scheiding in fracties en magnetische scheiding, worden hergebruikt bij de vervaardiging van keramische producten en coatings door middel van plasmaspuiten, zonder dat dit ten koste gaat van de kwaliteit van deze producten.

De resultaten van het onderzoek hebben de auteurs in staat gesteld een grondstofbesparende technologie te ontwikkelen voor het vervaardigen van keramische producten uit aluminiumoxide door middel van plasmaspuiten. De technologie werd in een aantal ondernemingen van de Russische Federatie in productie genomen.

CONCLUSIE

Functionele coatings en vuurvaste keramische producten voor diverse toepassingen uit zuiver aluminiumoxide kunnen worden geproduceerd door middel van plasmaspuiten. Het uitgangsmateriaal voor het plasmaspuiten van zuiver aluminiumoxide is alfamodificatie van aluminiumoxide (korund). Naarmate de aluminiumoxide deeltjes door het plasma gaan en op het gespoten oppervlak worden afgezet, verandert hun fasesamenstelling.

Onmiddellijk na de voltooiing van het plasmaspuiten is de fasesamenstelling van het plasmaspuitmateriaal of -product een reeks wijzigingen van aluminiumoxide. In de meeste gevallen zijn dit α, γ en δ- modificaties van aluminiumoxide, die in verschillende verhoudingen met elkaar zijn.

De verhouding van deze wijzigingen wordt beïnvloed door de wijze van spuiten, de temperatuur van het gesproeide oppervlak, de aanwezigheid van water in het gesproeide gebied, de dikte van de coating.

Toename van de samenstelling van het coatingmateriaal van chemisch actieve γ-wijziging van aluminiumoxide leidt tot een aanzienlijke toename van de kleefkracht van het coatingmateriaal in combinatie met het materiaal van het gespoten staaloppervlak. Het effect wordt bereikt door de vorming van spinelachtige chemische verbindingen aan de rand van het coating-substraat door de chemische interactie van γ-modificatie van aluminiumoxide met ijzeroxiden die gevormd worden als gevolg van de actieve watertoevoer naar de spuitzone.

Thermische behandeling van het plasma-gespoten product leidt tot een verandering in de verhouding van de faseveranderingen van het materiaal van dit product (aluminiumoxide), en bij 1250 ° C aluminiumoxide verandert volledig in korund.

Elke overgang van de ene fase van de wijziging van het aluminiumoxide naar de andere gaat gepaard met een verandering in het volume van de bekledingsstof.

Volumeveranderingen als gevolg van fasetransformaties veroorzaken een overeenkomstige verandering in de porositeit van het met plasma besproeide product (coating) materiaal. In dit verband kan de poreusheid van het productmateriaal worden beïnvloed door de warmtebehandeling, maar ook door de wijze van spuiten en de keuze van de koelmethode voor het gespoten oppervlak.

De poreusheid van plasma-gespoten Al2O3-coatings is afhankelijk van de spuitmodus, de spuitafstand, de substraattemperatuur en de coatingdikte. Om de poreusheid van de coating te minimaliseren is het noodzakelijk dat de afstand tussen de plasmatoorts en het gespoten oppervlak 120 mm is, de ruwheid van het gespoten oppervlak van het substraat minimaal is, de temperatuur van het substraat zo hoog mogelijk is en de dikte van de coating zo klein mogelijk is.

Alle factoren die leiden tot een toename van de porositeit van coatings leiden tegelijkertijd tot een afname van de hardheidswaarden van deze coatings (met Vickers meting).

De hardheid van plasma-gespoten Al2O3-coatings kan worden verhoogd door een laserbehandeling van het coatingoppervlak.

De Vickers hardheidsmeting (evenals Brinell en Rockwell) is niet geschikt voor het verkrijgen van betrouwbare hardheidsgegevens van poreuze keramische producten en coatings.

Het verhogen van de hardheid van coatings verhoogt tegelijkertijd hun slijtvastheid.

De slijtvastheid en corrosiebestendigheid van Al2O3-coatings kan worden verhoogd door de poriën te sluiten met een laserbehandeling of met een polymeerimpregnering.

Om het binnendringen van schadelijke gasvormige verontreinigingen door de poriën van plasma-gespoten producten van zuiver aluminiumoxide bestemd voor het smelten van legeringen of het kweken van metalen monokristallen uit te sluiten, is het zinvol om speciale getterbekledingen op het buitenoppervlak van deze producten aan te brengen. Wanneer vuurvaste vormen met een ghetterische titanium coating worden gebruikt, wordt het proces van het groeien van metalen monokristallen in hen ongevoelig voor de aanwezigheid in de atmosfeer van de groeikamer van reststikstof, gasvormige koolstofverbindingen en waterdamp.

Afgewerkte aluminiumoxidepoeders die worden gevormd bij de vervaardiging van plasmagespoten producten, kunnen na scheiding in fracties en magnetische scheiding worden hergebruikt bij de vervaardiging van keramische producten en coatings door middel van plasmaspuiten, zonder dat de kwaliteit ervan afneemt.

LITERATUUR

1. M.V. Pikunov, I.V. Belyaev, E.V. Sidorov Crystallization of Alloys en Directional Casting Hardening. - Vladimir: VLSU, 2002, 214s.

Pikunov M.V., Belyaev I.V. en Sidorov E.V. Kristallisatie van Legeringen en Gerichte

Solidificatie van de afgietsels [in het Russisch]. - Vladimir Gos. Univ., Vladimir (2002).

2. Belyaev I.V., Moiseev A.V. Stepnov A.A., Kutepov A.V. Perfection of Melting and Casting Technology of Magneto-Hard Alloy UNDKT5AA. // Gieterij van Rusland, 2013, №4, p.36-38.

Belyaev I.V., Moiseev A.V., Stepnov A.A., Kutepov A.V. Verbetering van de smelt- en giettechnologie voor magnetisch harde legering YNDKT5AA. // Gieterij van Rusland,2013, №4, p.36-38.

3. Stepnov A., Kutepov A., Belyaev I., and Kolchugina N. Fase compositie en service-eigenschappen van vuurvaste keramische mal voor single crystal drowing. // in: Proc. Conf. METAL- 2012 (Brno, Tsjechië, 23-25 mei 2012), CD: ISBN 978-80-87294-29-1, Tanger Ltd., (2012), pp.1-4.

4. Belyaev I.V., Stepnov A.A., Kireev A.V. en Pavlov A.A. Vuurvaste keramische producten van zuivere oxiden met getterbekleding. // Vuurvaste materialen en industriële keramiek, maart 2018, vol.58, uitgave 6, pp.615-617.

5. Rijst R.V. De Porositeit Afhankelijkheid van Fysieke Eigenschappen van Materialen: Een samenvattend overzicht. // Sleutel Eng. Mater., vol.115, 1995, h.1-20.

6. Kown S.H., Jan Y.K., Hong S.H., Lee J.S. en Kim A.E. Calcium Fosfaat Bioceramics met Varios Porosities en Dissolution Rates. // J. Am. Ceram. Soc., vol.85 (nr. 12), 2002, blz. 3129-3131.

7. Matronin SV, Slosman A.I. Technisch keramiek. - Tomsk: TPU Publishing House, 2004, 75s.

Matrenin S.V., Slosman A.I. Enginiiring Ceramics [in Rusland]. - Tomsk Politech. Univ., Tomsk (2004).

8.   Kudinov VV, Bobrov G.V. Spuitbus. Theorie, technologie, materialen. Student voor universiteiten. - Moskou: Engineering, 1992, 432c.

Kudinov V.V., Bobrov G.V. Coating door middel van spuiten. Theorie, technologie, materialen. Een leraar voor universiteiten [in Rusland]. - M.: Mashinostroenie, 1992, 432p.

9.   Donskoy A.V., Klubnikin V.S. Elektroplasma processen en installaties in de machinebouw. - L.: Werktuigbouwkunde, Leningra. Afdeling, 1979, 221s.

Donskoy A.V., Klubnikin V.S. Elektroplasma processen en installaties in de machinebouw [in Rusland]. - L . : Werktuigbouwkunde, Leningrad. Sep., 1979, 221p.

10. Coatingtechnieken en -technologieën. / V.Ya.Frolov, V.S.Klubnikin, G.K.Petrov, B.A.Yushin. Tekstboek. - SPb: Polytechnic University Publishing House, 2008, 387c.

Techniek en technologie van de coating. / V. Ya.Frolov, V.S. Klubnikin, G.K. Petrov, B.A. Yushin. : Studiegids [in Rusland]. - SPb: Polytechnische Uitgeverij. Universiteit, 2008, 387p.

11. Nieuwe Keramiek. / Bewerkt door P.P.Budnikov. - Moskou: Stroyzdat, 1969, 309s.

Nieuwe keramiek. / Ed. P. P. Budnikov [in Rusland]. - Moskou: Stroyizdat, 1969, 309p.

12. Keramiek van hoge vuurvaste oxiden. / Bewerkt door D.N.Poluboyarinov en R.Y.Popilsky. - Moskou: Metallurgie, 1977, 304s.

Keramiek van zeer vuurvaste oxiden. / Ed. D. N.Poluboyarinov en R.Ya.Popilsky [in Rusland]. - Moskou: Metallurgie, 1977, 304p.

13. Kosenko N.F. Aluminiumoxide polymorfisme. // Izv. instelling voor hoger onderwijs. Chemie en chemische technologie, 2011, vol.54, vol.5, p.3-16.

Kosenko N.F. Alumina polymorphismc [in Rusland]. // Izv. Universiteiten. Chemie en chemische technologie, 2011, t.54, uitgave 5, pp.3-16.

14. Hinklin T., Toury B., Gervais C., Babonneau F., Gislason J.J., Morton R.V., Lain R.V. Vloeibare vlammenspuitpirolyse van metallo-organische en

anorganische aluinaardebronnen bij de productie van nanoaluminapoeders. // Chem. Mater., 2004, 16, pp.21-30.

15. McPerson R. Een overzicht van de microstructuur en de eigenschappen van plasmagesponnen keramische coatings. // Surfen. Jas. Technol., 39/40 (1989), pp.173-181. .

16. Yang Yuanzheng, Zhu Youlan, Liu Zhengyi, Chuang Yuzhi. Lazer hersmelten van de met plasma gespoten Al2O3 keramische coatings en de daaropvolgende slijtvastheid. //Materialen Sience and Engineering, A291, (2000), pp.168-172.

17. Xiaodong Wu, Duan Weng, Luahua Xu, Hengde Li. Structuur en prestaties van γ-alumina washcoat afgezet door plasmaspuiten. // Suface and Coatings Technologe, 145, (2001), pp.226-232.

18. Sivakumar G., Rajiv O. Dusane, Shrikant V. Joshi. Een nieuwe aanpak voor het verwerken van zuivere α-Al2O3 coatings in de verwerkingsfase door middel van plasmaspuiten met behulp van een oplossing. // Journal of the European Ceramic Society, 33, (2013), pp.2823-2829.

19. Ivantsivski I.I., Zverev U.A., Vakhrushev N.V., Bandurov I.V. Studie van de kleefkracht van plasma metaal-keramische slijtvaste coatings. // Daadwerkelijke problemen van de machinebouw, 2016, № 3, p.77-81.

Ivantsivski I.I., Zverev U.A., Vakhrushev N.V., Bandyurov I.V. De studie van de kleefkracht van metaal-keramische plasmaslijtagebestendige coatings [in Rusland]. // Werkelijke problemen in de machinebouw, 2016, nr. 3, pp.77-81.

20. Baldaev P.H., Khamitsev B.G., Prokofiev M.V., Baldaev S.L., Akhmetgareeva A.M., Ismagilova R.R. Eigenschappen van polymorfe transformaties van detonatielagen uit aluminiumoxide. // Harding: technologieën en coatings, 2015, № 4 (124), pp.25-33.

Baldaev P.Kh., Khamitsev B.G., Prokofjev M.V., Baldaev S.L., Akhmetgareeva A.M., Ismagilova R.R. Eigenschappen van polymorfe transformaties van detonatielagen van aluminiumoxide [in Rusland]. // Harding: technologie en coatings, 2015, nr. 4 (124), blz. 25-33.

21. Pavlov A.A., Kutepov A.V., Belyaev I.V. Optimalisatie van de modi van plasmaspuiten van coatings van α-Al2O3 (korund). // Technische wetenschappen: van vragen naar oplossingen. (in het Russisch) / Coll. van

wetenschappelijke werken over de resultaten van internationale wetenschappelijk-praktische. Conf. 2. - Tomsk, 2017, p.19-21.

Pavlov A.A., Kutepov A.V., Belyaev I.V. Optimalisatie van het plasmaspuiten van α-Al2O3 (korund) coatings [in Rusland]. // Technische wetenschappen: van vragen naar oplossingen. / Coll. werkt aan de resultaten van de inter. wetenschappelijke praktijk Conf. nummer 2. - Tomsk, 2017, p.19-21.

22. Zhijian Yin, Shunyan Tao, Xiaming Zhou. Effect van de dikte op de eigenschappen van Al2O3-coatings die door plasmaspuiten worden afgezet. // Materiaalkarakterisering, 62 (2011), pp.90-93.

23. Hao Du, Jae Heyg Shin, en Soo Wohn Lee. Studie over de poreusheid van plasma-gespoten coatings door de Diginal Image Analysis Method. // Journal of Thermal Spray Technologe, Vol.14(4) Decembre, 2005, pp.453-461.

24. Oskan Sarikaya. Effect van enkele parameters op de microstructuur en de hardheid van aluminiumoxide coatings bereid door het lucht plasmaspuitproces. // Surface and Coatings Technologe, 190, (2005), pp.388-393.

25. Oskan Sarikaya.Effect van de substraatteperatuur op de eigenschappen van plasmagesponnen Al2O3 coatings. // Materialen en ontwerp, 26 , (2005) , blz. 53-57.

26. Yang Gao, Xiaolei Xu, Zhijun Yan, Gang Xin. Hoge hardheidsgraad aluminiumoxide coatings bereid door middel van laag vermogen plasmaspuiten. // Oppervlakte- en coatingtechnologie, 154 (2002), pp.189-193.

27. Yan Dianran, He Jining, Wu Jianjun, Qiu Wangi, Ma Jing. Het corrosiegedrag van het plasmaspuiten van Al2O3 keramische coating in verdunde HCl oplossing. // Oppervlakte- en coatingtechnologie, 89 (1997), pp.191-195.

28. E.Celik, I.A.Sengil, E.Avci. Effecten van sommige parpmeters op het corrosiegedrag van plasma-gespoten coatings. // Oppervlakte- en coatingtechnologie, 97 (1997), pp.355-360.

29. Zhou R.S., Snayder R.J. Structures and TransformationMechanisms of theta-gamma and theta transitions aluminas by X-ray Rietvelt refinement. // Acta Crystallogr., 1991, B.47, pp.617-630.

30. Wang Y., Brandari S., Mitra A., Parkin S., Moore Y., en Aywood A. Ambent-Condition nano-Alumina Formation Through Molecular Control. //Z. Anorg. Allg. Chem., 2005, B.631, S.2937-2941.

31. Aguilar-Santillan J., Balmori-Ramirez H., Bradt R.C., Sol-gelvorming en kinetische analyse van de in-situ/sejf-zaai-transformatie van bayeriet [Al(OH)3] naar alfa-alumina. // Journal of Ceramic Processing and Reserch, 2004, V.5, No.3, pp.196-202.

32. Bagwell R.B., Messing G.L. Effect van zaaien en waterdamp op de nuclatie en groei van α-Al2O3 uit γ-Al2O3. //J. Amer. Ceram. Soc., 1999, V.82, No.4, pp.825-832.

33. Hasui A., Morigaki O. Hardfacing en sproeien. - Moskou: Techniek, 1985, 239s.

Hasui A., Morigaki O. Het oppervlak en het sproeien [in Rusland]. - M . : Mashinostroenie, 1985, 239p.

34. Chichkanov V.P. Technologie en economie van de poedermetallurgie. - Moskou: Wetenschap, 1989, 208s.

Chichkanov V.P. Technologie en economie van de poedermetallurgie [in Rusland]. - M . : Wetenschap, 1989, 208p.

35. Fysisch-chemische eigenschappen van oxiden. / Onder edit. G.V.Samsonov. - Moskou: Metallurgie, 1978. - 472c.

Fysische en chemische eigenschappen van oxiden. / Ed. G. V. Samsonov [in Rusland]. - M . : Metallurgie, 1978. - 472p.

36. V.I. Jawojski Theorie van de Staalproductieprocessen. - Moskou: Metallurgie, 1967. - 792c.

Yavoisky V.I. Theorie van de staalproductieprocessen [in Rusland]. - M . : Metallurgie, 1967. - 792p.

37. Popel S.I., Sotnikov A.I., Boronenkov V.N. De theorie van de metallurgische processen. - Moskou: Metallurgie, 1986. - 463c.

Popiel S.I., Sotnikov A.I., Boronenkov V.N. Theorie van de metallurgische processen [in Rusland]. - M . : Metallurgie, 1986. - 463p.

38. Kashcheev I.D. Eigenschappen en Toepassing van Vuurvaste Materialen. Referentie editie. - Moskou: Warmte-ingenieur, 2004. - 352c.

Kashcheev I.D. Eigenschappen en toepassing van vuurvaste materialen. Referentie editie [in Rusland]. - M.: Teplotehnik, 2004. - 352p.

Printed by Books on Demand GmbH, Norderstedt / Germany